图形化
Python
AIoT
实践指南

——用行空板轻松搭建智能项目

李玲雪 盛玉娇 赵琦 聂凤英 著

U0191350

行空板
UNIHIKER

人民邮电出版社

北京

图书在版编目（CIP）数据

图形化 Python AIoT 实践指南：用行空板轻松搭建智
能项目 / 李玲雪等著. -- 北京：人民邮电出版社,
2024. -- ISBN 978-7-115-65028-3

Ⅰ．TP311.561

中国国家版本馆 CIP 数据核字第 2024PC1558 号

内 容 提 要

作为一本面向物联网和人工智能方向的实践应用书，本书从《义务教育信息科技课程标准（2022 年版）》的内容要求出发，围绕"物联网实践与探索"和"人工智能与智能社会"模块，设计了智能家居、智能交通、智能游戏等方向的趣味实践项目共计 50 余个。本书强调项目式学习和知识点相结合，提供了从简单到复杂的项目案例，通过趣味主题引起读者兴趣，每个主题包括若干项目，在每个项目中嵌入不同的知识点，让读者能够快速上手实践物联网和人工智能应用，同时也能轻松获取软硬件知识，在动手制作中发现乐趣，学习知识。

本书可作为信息科技、科创教育和 STEM/STEAM 课程项目参考书，读者可通过实践项目学习物联网和人工智能技术原理、Python 编程和开源硬件基础知识。

◆ 著　　　李玲雪　盛玉娇　赵　琦　聂凤英
　　责任编辑　哈　爽
　　责任印制　马振武

◆ 人民邮电出版社出版发行　　北京市丰台区成寿寺路 11 号
　　邮编　100164　电子邮件　315@ptpress.com.cn
　　网址　https://www.ptpress.com.cn
　　北京九天鸿程印刷有限责任公司印刷

◆ 开本：787×1092　1/16
　　印张：14.75　　　　　　　　2024 年 12 月第 1 版
　　字数：305 千字　　　　　　 2024 年 12 月北京第 1 次印刷

定价：99.80 元

读者服务热线：(010)53913866　印装质量热线：(010)81055316
反盗版热线：(010)81055315
广告经营许可证：京东市监广登字 20170147 号

序

学习行空板需要什么样的课程

　　蘑菇云科创教育的 Jane 给我发了这本书的文件，要我写一篇推荐序。这让我想起关于行空板的一些小故事，借这个机会分享一下。

　　行空板的需求其实在 2017 年就已经被提出了。那时国内中小学的信息技术课还没有开始学习 Python 编程，行事谨慎的叶琛（DFRobot 的 CEO）犹豫再三，到 2020 年才决定开发支持 Python 编程的硬件。科创教育圈内有个共识，都知道 DFRobot 的研发速度很慢，常常比别的公司动作慢一拍，但又很靠谱，一旦认定做什么，就会做到极致，做到让人惊艳。Mind+、SIoT、pinpong 库和行空板都是很有说服力的案例。

　　行空板的开发赶上了一个好时机。首先是 Python 编程成为主流，结合智能硬件学习 Python 是很不错的学习路径；其次是人工智能教育逐步成为热点，无论是先训练了 AI 模型然后再结合硬件，还是先学习了硬件再增加 AI 能力，行空板都是很好的载体；再次，行空板是一个集大成者，内置 SIoT（MQTT 服务器），既可以作为物联网终端，也可以作为服务器，一块板子能解决绝大多数的中小学生科创需求。

　　学习行空板需要什么样的课程？我曾经批评过蘑菇云科创教育的几位小伙伴写的教程。因为那些教程一开始就介绍如何设计 GUI（图形用户界面）、如何使用传感器和执行器等。而我认为根据由浅入深的原则，应该按照学习 Python 的思路来，先用简洁代码快速编写一些应用，让用户知道在行空板上学习 Python 很方便，入门行空板也很简单，甚至可以把它看成一个云端的编程环境。毕竟 Python 是一种快速开发的编程语言，而 GUI 库的学习往往在入门之后。

　　现在看来，我的观点未必正确。因为行空板的出现，颠覆了传统的 Python 教学。我们可以这样理解，学习行空板实际上不是学习 Python，而是学习"Python + 智能硬件"。行空板团队开发的 unihiker 库让编写 GUI 变得很简单，内置的 pinpong 库还简化了硬件的编程和调试，Mind+ 团队则将行空板无缝整合在 IDE 中。这些工具组合起来，给出足够的理由告诉大家：可以用新的方式来学习 Python 了。这本书就是一个很好的范例，用"你好，行空板"替代了"HelloWorld!"，用文字显示替代了"print"。对青少年来说，这样的学习方式更有吸引力。

既然说到这里，我也要向蘑菇云科创教育的小伙伴表达歉意。虽然我提出过自己的建议，也曾经表明决心说要写一本类似《爱上行空板》的书，但最终因为自己工作繁忙，仅仅开了一个头，就没有了后续。2021 年之后，我的精力逐步转向开发 XEdu（一款开箱即用的人工智能开发工具包）。我发现要在中小学普及人工智能教育，仅有行空板是不够的，让学生掌握 AI 模型的训练才是核心。没有做模型训练，就不算真正的人工智能教育。

2023 年年初，当我们能够将基于网页前端训练的模型转换为 ONNX 格式（一款通用的人工智能模型格式）后，就联合 Mind+ 团队写了一个编程插件，行空板就成为我们做"人工智能＋智能硬件"工作坊、教师培训的最佳搭档了。因为人工智能教育中的模型训练和科创教育中的硬件编程很好地分离为两项工作，学习人工智能也不会纠结于选择什么框架、选择什么硬件，只要会收集数据就能训练模型，只要能跑 Linux 就能部署模型。支持模型推理的硬件、连接计算机更方便的硬件，就是适合中小学人工智能教育的硬件。从这一点看，行空板的确是目前众多支持人工智能教育的智能硬件中的最佳选择。

最后说一点期望。人工智能技术将不断下沉，人人会训练模型也并不是什么天方夜谭，就和人人会做 PPT、人人会"PS"一样。我们期望有更多教师参与课程开发、案例编写的工作。一线教师开发的课程，才是最好的课程。

欢迎走进行空板的世界，欢迎走进人工智能和物联网的世界！

上海人工智能实验室科创教育主管、

浙江省特级教师、正高级教师

谢作如

2024 年 6 月

前言

2022 年，教育部公布了《义务教育信息科技课程标准（2022 年版）》（以下简称《新课标》）。在课程内容设置上，《新课标》围绕数据、算法、网络、信息处理、信息安全、人工智能 6 条逻辑主线，设计义务教育全学段内容模块。

2023 年教育部基础教育司委托教育部教育技术与资源发展中心组织研制并发布的《中小学实验教学基本目录（2023 年版）》（以下简称《基本目录》），进一步梳理了《新课标》理念下构建学科核心概念、核心规律、核心实验素养与技能所应开展的基础性实验及实践活动，更加明确了实验教学是国家课程方案和课程标准规定的重要教学内容。

在《新课标》的推行下，算法、过程与控制、数据感知、物联网和人工智能等知识与技能势必会成为信息科技教师、创客 /STEM/STEAM 教师和中小学生重点关注的话题。《基本目录》提出教师可基于真实情境实验和跨学科实验等方式进行教学，为项目式学习的开展提供有效的方法与途径。但是，项目式学习的重点就是项目，基于什么项目展开？项目要如何制作？去哪里找到项目？

在学习了《新课标》的内容要求之后，我们撰写了这本项目式实践应用书，设计有智能家居、智能交通、智能游戏等方向的趣味实践项目共计 50 余个，希望通过这些实践项目，读者能够零基础入门，借助图形化编程工具和行空板等开源硬件，逐步完成从简单到复杂的项目制作，结合生活场景，理解和学习过程与控制、物联网技术原理与应用、人工智能技术原理与应用、Python 基础语法、开源硬件原理等基础知识，更方便地进行物联网和人工智能的应用实践性教学。

谁可以使用这本书

不管是对物联网和人工智能感兴趣的科技创新爱好者，还是从事创客 /STEM/STEAM 教学的教师，或是想找一些项目案例融合到教学实践中的信息科技教师，都可以通过本书获取灵感和知识。

对于学生来说，这本书可以快速地帮助他们认识身边的物联网和人工智能的基本原理，更好地理解科技带给生活的便利。

对于科技爱好者来说，没有较高的算法和网络等技术门槛，可以通过书中的项目案例快速上手实践，在实践中对物联网和人工智能有更加深刻的体会，实现自己的创意项目。

对于科创教师来说，开源硬件与真实物理世界的交互，以及零基础上手的图形化编程，会使课堂教学更具趣味和实用性。

对于信息科技教师来说，本书提供详细的项目操作过程、程序样例等资源，教师可以根据课程安排把这些项目转化成教学中的有趣项目，完成身边的算法、过程与控制、物联网实践与探索及人工智能与社会等内容板块的创新项目式教学设计，落实《新课标》教学要求。

本书讲了什么内容

本书共设计了 4 章内容，分别为 Python 与行空板、感知与交互、物联网实践应用、人工智能实践应用，项目设计由简单到复杂，知识讲解由浅入深，帮助读者先了解行空板的基础使用，再学习更多开源硬件的使用，最后体验物联网和人工智能实践应用。

第 1 章 Python 与行空板有 4 课内容，带领读者零基础入门，学习控制行空板；第 2 章感知与交互有 5 课内容，融合更多传感器与执行器，带领读者玩转开源硬件。第 1 章和第 2 章可以作为过程与控制的实验项目参考案例，融合到教学中。

第 3 章物联网实践应用有 5 课内容，带领读者使用行空板自建物联网服务器，搭建物联网系统，体验各种趣味的万物互联项目；第 4 章人工智能实践应用有 5 课内容，结合摄像头和行空板自带的麦克风（传声器），实现语音识别、人脸识别等人工智能项目。

根据项目复杂程度，我们将每课的内容分解为多个小项目。在每个项目中，以实践应用为主线，辅以原理知识讲解，设置了清晰的项目操作环节和知识学习环节。在项目操作环节中，读者可以用 5min 快速完成项目制作，获得项目体验和成就感；而在知识学习环节中，读者可以进一步学习项目对应的物联网知识、人工智能知识、Python 知识和开源硬件知识。以第 2 课为例，课程结构如下图所示。

项目大目标	第2课　西游记舞台剧			
分节点小目标	项目1 显示图片	项目2 切换图片	项目3 移动图片	项目4 按键控制图片
知识点学习	显示图片指令　坐标设置	顺序结构　循环结构	认识Python对象	事件控制　行空板硬件知识　什么是数字信号
创意拓展	拓展项目			

本书有什么特色

特色1：图形化编程与Python知识融合

本书基于目前中小学教学中常用的图形化编程方式，以低门槛的图形化编程快速实现项目，并且提供 Python 基础语法知识，同时辅以自动生成的 Python 程序，为读者后续学习 Python 语言体系进行铺垫，帮助大家探索更高深的物联网和人工智能应用。

特色2：物联网和人工智能实践中的显著优势

本书使用的开源硬件主控器为行空板，这是 DFRobot 专为物联网和人工智能教学设计的教学硬件。行空板相当于一台微型计算机，自带 LCD 彩屏、Wi-Fi、麦克风等多种常用传感器和丰富的扩展接口，可以满足过程与控制的需求，连接传感器与执行器，快速实现项目。同时，它自带物联网服务器 SIoT，一键自启建立本地物联网。在人工智能项目中，行空板自带 Linux 操作系统和 Python 环境，并预装了常用的 Python 库，配合标准 USB 接口，方便连接摄像头、音箱等外部设备，实现人脸识别、语音识别等人工智能项目。

本书基于 Mind+ 编程软件，其具有可视化面板，让物联网项目中的数据展示、数据分析及远程控制更加直观，读者可以自主定义物联网数据可视化方案，更好地建立有自己特色的物联网系统。

特色3：完整配套电子资源

本书提供完整的配套电子资源，包括配套的素材文件、项目程序样例和项目效果视频，读者可以对照程序样例和效果视频，在制作过程中更好地排错纠错。获取本书配套电子资源的具体操作如下。

（1）关注微信公众号"行空板"；

（2）关注后，后台发送本书书名；

（3）公众号会自动回复电子资源下载链接；

（4）按照链接下载即可。

本书作为一本项目式实践应用书，其中项目涉及的软件、硬件可能会有更新，我们会关注更新，如果您遇到什么问题，欢迎联系我们（邮箱地址：unihiker@dfrobot.com）。我们期待着您的反馈，并希望这本书能为您带来新的灵感。在此也非常感谢在本书编写初期进行课程测试的科创教师赵崇嘉为我们提供了宝贵的课程建议。

现在，我们诚挚地邀请您翻开下一页，开始这段知识和发现的旅程。

李玲雪

2024 年 6 月

目录

第1章 Python 与行空板

什么是行空板？如何用行空板制作项目呢？本章将通过一些有趣的项目，帮助你快速学习行空板的基础操作，了解相关 Python 知识，开启行空板创造之旅。

第1课 你好，行空板

拿起行空板，它的正面有一块屏幕，可以用来显示文字、图表、视频等，实现丰富的视觉互动效果。这节课，就让我们一起来用屏幕显示多彩的文字，开启行空板的图形化学习之旅吧！

项目1 显示文字

在行空板屏幕上显示文字，效果如图1-1所示。

材料清单

● **硬件清单**

项目制作所需要的硬件清单见表1-1。

表1-1　硬件清单

序号	元器件名称	数量
1	行空板	1块
2	USB Type-C 接口 数据线	1根

● **软件清单**

使用 Mind+ 编程软件，Mind+ 形象如图1-2所示。

连接硬件

使用 USB Type-C 接口数据线将行空板和计算机连接起来，如图1-3所示。

图1-1　屏幕显示文字效果

图1-2　Mind+形象

图1-3　将行空板与计算机连接

准备软件

按照图 1-4 所示的步骤，设置 Mind+ 的编程方式为 Python 图形化编程，并完成行空板的加载和连接。

图1-4　软件准备步骤

> **注意：** 初次使用 Mind+，可参照本课附录，了解基础使用方法。

编写程序

先在"行空板"分类下找到显示文字指令，然后将它拖到预设程序 Python 主程序开始指令的下面，操作如图 1-5 所示。

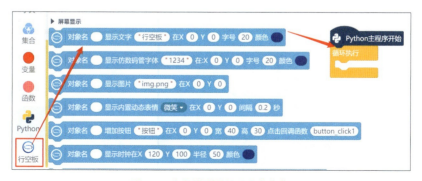

图1-5　查找并放置显示文字指令

项目 1 程序如图 1-6 所示。

图1-6　项目1程序

运行程序

① 检查行空板已连接 Mind+。

② 单击右上方的"运行"。

③ 程序运行后，在行空板屏幕上会输出文字"行空板"，效果如图 1-1 所示。

编程知识

● 显示文字指令

图 1-7 所示指令的功能是：默认显示蓝色 20 号"行空板"文字内容在屏幕左上角，也就是坐标原点 (0,0)。

图1-7　显示文字指令介绍

● 指令回顾

接下来，我们对项目 1 所使用的指令进行回顾，见表 1-2。

表 1-2　项目 1 指令

指令	说明
对象名 显示文字 "行空板" 在X 0 Y 0 字号 20 颜色	该指令用于在行空板屏幕上显示文字，在指令中可以设置文字的内容、位置和颜色
Python主程序开始	Python 图形化运行启动指令，必须要有此指令，才可以控制程序运行
循环执行	循环执行指令，表示程序一直执行

硬件知识

● 行空板

行空板是一款专为 Python 教学设计的新一代国产开源硬件，采用单板计算机架构。其自带 Linux 操作系统和 Python 环境，预装了常用的 Python 库，能够轻松完成各种有趣的 Python 应用。

如图 1-8 所示，行空板自带常用的电子元器件，如麦克风、光照传感器等，同时还提供了丰富的接口，可扩展丰富的传感器和执行器。

图1-8　行空板板载接口、元器件介绍

● 行空板屏幕

行空板正面有一块 2.8 英寸（1 英寸为 2.54cm）LCD 彩屏，分辨率为 240 像素 × 320 像素，也就是说屏幕宽为 240 像素，高为 320 像素。在屏幕上可显示文字、图片、视频及数据图表等。

挑战自我

尝试修改文字内容，在行空板屏幕上显示"你好，行空板"。

项目 2　显示有颜色的"你"

在行空板屏幕显示红色的"你"字，效果如图 1-9 所示。

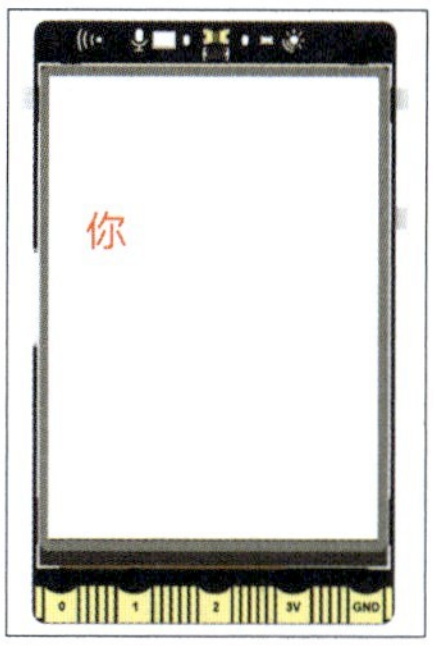

图1-9　屏幕显示红色的"你"字

编写程序

继续使用项目 1 中的硬件和软件，这里只需要修改一下程序，就可以显示红色的"你"字了。

将显示文字指令的显示内容修改为"你"，参考图 1-7 所示的介绍，单击颜色框调整颜色，选择红色即可。

项目 2 程序如图 1-10 所示。

运行程序

程序运行后，在行空板屏幕上会显示图 1-9 所示的红色文字"你"。

图1-10　项目2程序

编程知识

● 行空板屏幕坐标系

屏幕内部有一坐标系，坐标原点为屏幕左上角，向右为 X 轴正方向，向下为 Y 轴正方向。屏幕宽为 240 像素，高为 320 像素，所以 X 坐标取值范围为 0~240，Y 坐标取值范围为 0~320。图 1-11 展示了行空板屏幕及对应的坐标系。

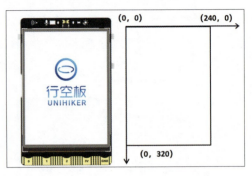

图1-11　行空板屏幕及屏幕坐标系

修改显示文字指令的 X 坐标或 Y 坐标，可调整文字位置。

● 行空板文字字号

行空板显示文字的字体，默认为汉仪旗黑，不可修改。文字的字号大小可修改。

修改显示文字指令的字号，可调整文字大小，字号越大，文字越大。

挑战自我

尝试调整显示文字的坐标和字号，在行空板屏幕中间显示一个比较大的"你"字，效果如图 1-12 所示。

图1-12　屏幕中间显示一个比较大的"你"字效果

项目 3　显示多彩中、英文

在行空板屏幕上显示多彩的中、英文，效果如图 1-13 所示。

编写程序

● 确定文字颜色数量

由于最终要显示的文字是"你好，行空板！"和"Hello, UNIHIKER！"，每个字和标点符号都有不同的颜色，不能只使用

图1-13　显示多彩的中、英文

一个指令，在本项目中一共有 9 种颜色，就需要 9 个指令。可以参考图 1-14 所示的操作，右键单击指令，选择"复制"，完成多个指令的搭建。

图1-14　复制指令操作

● 调试文字之间的位置

每个文字或符号有不同的位置，在调试文字之间的位置时，为了便于调试程序和观察效果，可以先在 Mind+ 中断开行空板的连接，让程序运行在计算机上。如何操作呢？

（1）在菜单栏单击行空板 IP，选择下拉菜单中的"断开远程终端"（见图 1-15）。

（2）运行程序，程序会直接在计算机上运行。此时计算机上弹出一个和行空板屏幕一样大的窗口，这就是 Python 编辑器的弹窗（见图 1-16）。

利用这个弹窗，完成文字坐标的调试。

以调试"你""好"两个字为例，设置"你"字的坐标为 (30,80)，"好"字在"你"字右侧，因此 Y 坐标不变，X 坐标向右增加，尝试调整几个数值找到合适的坐标，调试文字过程如图 1-17 所示。

图1-15　断开行空板连接

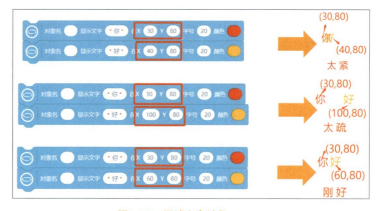

图1-16　Python编辑器的弹窗

图1-17　调试文字过程

图 1-17 中最后为合适的坐标，"你""好"两字 X 坐标的差值为 30，那么后面汉字或符号的 X 坐标依次增加 30，Y 坐标不变即可完成，项目 3 程序参考图 1-18。

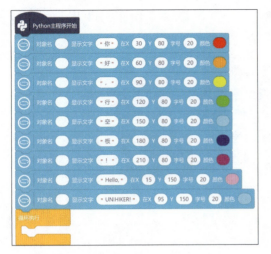

图1-18 项目3程序

运行程序

程序运行后，在行空板屏幕上会显示多彩的"你好，行空板！"及"Hello, UNIHIKER!"，效果如图1-13所示。

编程知识

● 计算机端运行Python程序

当行空板正常连接计算机时，单击"运行"，程序在行空板上完成运行，显示效果呈现在行空板屏幕上。当行空板和计算机断开连接时，单击"运行"，程序则在计算机端完成运行，此时显示效果会出现在一个弹窗上，如图1-19所示。这个弹窗的大小和行空板一致，它可以很方便地帮助你检查或调试自己的行空板程序。

关于弹窗的操作如下。

（1）弹出的窗口是可以最小化和关闭的，但是这个窗口是不允许改变大小的，所以你可以看到最大化的按钮是灰色的（见图1-20）。

（2）关闭弹窗的方式有两种：直接单击窗口上的关闭按钮或者如图1-21所示单击"停止"。

（3）如果在程序中没有使用屏幕显示相关指令，运行程序后，不会出现这个弹窗。

挑战自我

你见过"颜文字"吗？试一试用行空板绘制一个表情（效果参考图1-22），表示你当前的心情吧！

图1-19 计算机端运行项目弹窗

图1-20 弹窗大小不可调整

图1-21 单击"停止"关闭弹窗

图1-22 "颜文字"效果

附录　Mind+ 基础使用方法

　　Mind+ 是一款集成了大量开源硬件的编程软件，它拥有非常多的图形化基础指令和扩展库，可以让大家轻松体验创造的乐趣。初次使用 Mind+，可参照下面步骤。

　　本套课程基于 Mind+ V1.8.0 RC3.1 编写，使用时请下载此版本或以上版本。

● 打开Mind+

1 双击启动 Mind+。

2 单击右上角的"Python 模式"。

3 单击左上角选择"模块"编程方式。"模块"表示图形化编程，"代码"表示 Python 编程。

4 进入之后会看到以下画面，这就是主要的编程操作界面。

各区域的功能说明见表 1-3。

表 1-3　Mind+ 各区域功能介绍

区域名称	功能
菜单栏	包含项目文件操作选项、教程示例和连接设备选项（加载行空板后出现）
指令区	放置所有图形化指令和已加载扩展库中的图形化指令
扩展库	除基础功能外的扩展功能库
脚本区	图形化编程区域，指令需要连接到 Python 主程序开始指令或其他帽子型指令后才会被执行（帽子型指令是指形如 Python 主程序开始指令的指令，只能作为第一个指令执行的指令，例如下图） 　Python主程序开始　　　当行空板按键 A ▾ 被按下
快捷工具区	包含"运行"按钮、开启或关闭"代码区"和"文件系统"的按钮
自动生成 Python 代码	单击快捷工具区里的"代码区"（代码区）开启代码区，会显示自动生成的图形化代码对应的 Python 代码；再次单击"代码区"（代码区）关闭代码区
终端区	单击快捷工具区里的"代码区"（代码区）开启终端区，显示代码运行的输出信息、错误信息等；再次单击"代码区"（代码区）关闭终端区
文件目录区	单击快捷工具区里的"文件系统"（文件系统）打开文件目录，显示项目中的文件和已添加的计算机文件；再次单击"文件系统"（文件系统）关闭文件目录

● 加载行空板

1 单击扩展库，找到"官方库"下的"行空板"模块，单击完成添加。单击"返回"后，就可以在指令区找到行空板相关指令。

单击打开扩展库

② 行空板加载完成后，原来的菜单栏会多出一个用来连接行空板的选项——"连接远程终端"。

● 连接行空板

① 使用 USB Type-C 接口数据线，将行空板连接到计算机，等待行空板屏幕亮起。

② 单击"连接远程终端"，单击行空板 IP 连接行空板。

单击此处连接

注意： 图中的"10.1.2.3"为 USB Type-C 接口数据线直连时，计算机给行空板分配的固定 IP 地址。

③ 连接成功后会弹出提示，终端区会显示行空板 IP 即表示连接成功，并检测行空板上的已连库版本，等待检测完成即可。

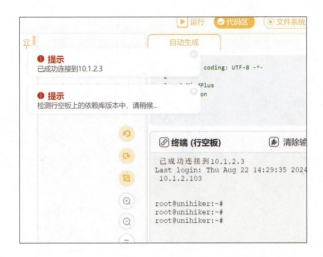

④ 连接成功后，单击"运行"，Mind+ 会将 Python 程序发送到行空板上运行，你就可以在行空板上看到程序运行效果了。

> **注意：** 连接不成功可以参考表 1-4 所示的解决办法。

表 1-4　连接不成功的检测与解决办法

操作过程	图示
① 单击"连接远程终端"，选择"打开网络中心" ② 在"网络连接"窗口中找到"Remote NDIS Compatible Devi…"，检查连接状况 ③ 若显示"正在识别"，等待一会重新连接 ④ 若没有找到"Remote NDIS Compatible Devi…"，检查 USB Type-C 接口数据线是否正常插入计算机 USB 口，重新插拔进行测试 ⑤ 不要使用 USB 扩展坞或延长线	

● 保存文件

① 单击菜单栏里的"项目"，并在出现的下拉菜单中单击"保存项目"。

② 在弹出的界面中选择保存位置，输入你自己的文件名，选择保存类型，单击"保存"即可。

第2课　西游记舞台剧

《西游记》是中国神魔小说的经典之作，讲述了唐僧和孙悟空、猪八戒、沙僧师徒四人西行取经的故事。本节课我们就以《西游记》为主题，在行空板上展示一个师徒四人的小舞台剧，项目预期效果如图2-1所示。

图2-1　西游记舞台剧效果

西游记舞台剧主要包括背景画面、动态的师徒四人和有趣的台词，还可以使用按键手动控制角色出现。接下来，我们分别来实现吧！

项目1　显示图片

在行空板屏幕上显示图片，效果如图2-2所示。

> **注意：** 本课的材料清单、连接硬件和准备软件部分与第1课相同，这里不再赘述。

编写程序

在舞台剧初始场景中包含背景图片、唐僧、孙悟空，如图2-3所示。

图2-2　行空板屏幕显示图片

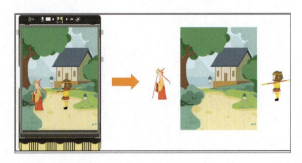

图2-3　舞台剧初始场景分析

按照以下 3 步，学习如何在行空板屏幕上显示图片。

1 找到图片。在电子资源的本课素材文件夹中找到"bg.png"图片。

2 将图片加载进项目。先在 Mind+ 的快捷工具区单击"文件系统"打开文件目录。然后，将"bg.png"图片拖入"项目中的文件"中。

3 拖入后，"文件目录"中会显示图片文件的完整名称，表示已经成功将图片加入项目。

④ 使用指令显示图片。先在指令区"行空板"的"屏幕显示"分类下，拖出显示图片指令。然后，修改显示图片为"bg.png"，将指令放在预设程序 Python 主程序开始指令的下面。

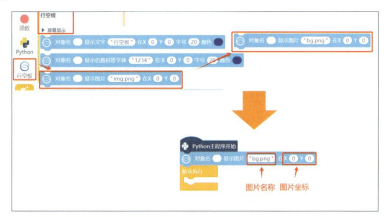

运行程序

单击"运行"，在行空板屏幕上会显示背景图片，如图2-4所示。

编程知识

● 显示图片指令

显示图片指令的功能是：默认显示文件名称为"img.png"的图片，显示位置是坐标原点（0，0）。

使用显示图片指令时，要先将图片放入程序的项目文件中，设置方法如图2-5所示。

图片坐标默认为图片左上角的坐标，图 2-6 展示了背景图片和角色图片的坐标位置。

图2-4 显示背景图片

图2-5 将图片放入程序的项目文件中

图2-6 背景图片和角色图片的坐标位置

● 指令回顾

接下来，我们对项目 1 所使用的指令进行回顾，见表 2-1。

表 2-1　项目 1 指令

指令	说明
对象名 ◯ 显示图片 "img.png" 在X ⓪ Y ⓪	该指令用于在行空板屏幕上显示一个图片对象，在指令中可以设置对象名、图片文件名和图片位置

挑战自我

尝试使用同样的方法，将本课素材文件夹中的"西游记－唐僧 1.png"和"西游记－孙悟空 1.png"两张图片显示在行空板屏幕上。唐僧和孙悟空的坐标设置如图 2-7 所示，可以结合行空板屏幕坐标系和图片的相对位置进行调整。

参考程序如图 2-8 所示。

图2-7　项目1挑战
自我效果

图2-8　项目1挑战自我参考程序

项目 2　切换图片

在行空板屏幕上切换显示图片，实现唐僧在原地走动的动态效果，如图 2-9 所示。

编写程序

如果想让唐僧动起来，则需要多张唐僧走动的图片，把它们按顺序不断切换，就可以实现效果。所以，需要先在素材文件夹中，将唐僧不同走路姿态的图片放入项目文件中，操作如图 2-10 所示。

图2-9　唐僧原地走动效果

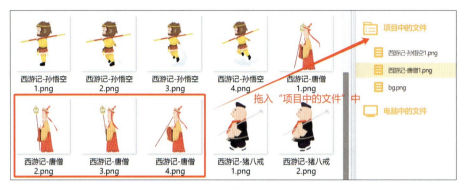

图2-10　拖入其他唐僧图片

然后，在程序中不断切换唐僧的图片即可。在指令区"行空板"的"屏幕显示"分类下，拖出图2-11所示的更新图片指令。

图2-11　更新图片指令

使用此指令时，需要指明更新哪个图片对象。通常的处理方式是给图片设定一个对象名，比如图2-12中，将唐僧图片的对象名设定为"tang"。

图2-12　更新图片源方法

与唐僧走动相关的图片一共有4张，所以我们需要4个更新图片指令分别对应它们，见表2-2。

然后按顺序完成指令搭建。为了让唐僧以合适的速度持续运动，可以在每个更新图片指令前面放等待指令，等待时间为0.2s，最后将程序放在循环执行指令里，完整程序如图2-13所示。

表 2-2　唐僧动作图片和对应指令

图片	指令
	更新图片对象　图片源为 "西游记-唐僧1.png"
	更新图片对象　图片源为 "西游记-唐僧2.png"
	更新图片对象　图片源为 "西游记-唐僧3.png"
	更新图片对象　图片源为 "西游记-唐僧4.png"

图2-13　唐僧动起来参考程序

注意：等待指令和循环执行指令都在"控制"分类下（见图2-14）。

图2-14　等待和循环执行指令

运行程序

程序运行后，在行空板屏幕上按图 2-15 所示的顺序循环显示唐僧原地走动的动作图片。

图2-15　程序运行循环显示图片顺序

编程知识

● 顺序结构

回顾前面的项目，我们在编写程序的时候都是按照显示的顺序，逐步完成。像这样按顺序执行的程序结构称为顺序结构。

顺序结构是指在程序中从上往下，依次执行，没有任何"拐弯抹角"，不跳过任何一条指令，所有的指令都会被执行。执行流程如图 2-16 所示。

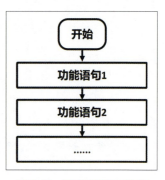

图2-16　顺序结构执行流程

顺序结构是程序中最简单，也是最基本的结构。在本项目中，顺序结构体现在执行程序时，会自上而下，依次执行图形化程序的每一条指令。

● 循环结构

循环结构是指在程序中需要反复执行某个功能而设置的一种程序结构。执行流程如图 2-17 所示。

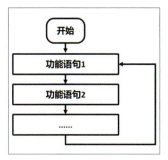

本项目中，为了实现唐僧一直走动的效果，我们使用了循环执行指令，它表示将某些操作一直重复执行。

循环执行指令是循环结构中最简单的指令，又叫作"死循环"，它的执行过程是循环往复，不会停止。

图2-17 循环结构执行流程

在循环结构中还有条件循环、有限次循环等指令，后续的课程中用到会再详细介绍。

● 指令回顾

接下来，我们对项目 2 所使用的指令进行回顾，见表 2-3。

表 2-3 项目 2 指令

指令	说明
更新图片对象 图片源为 "img2.png"	该指令用于改变指定图片显示对象的图片内容，在指令中需要写明改变的对象名及要修改的图片文件名
等待 1 秒	该指令用于延时等待，当执行这条指令时，会等待指定的时间，然后继续执行下面的程序

项目 3 移动图片

在行空板屏幕上移动图片，实现孙悟空腾云飞起的动态效果，如图 2-18 所示。

编写程序

孙悟空腾云飞起的效果和唐僧走路非常相似，不同的是，孙悟空不仅有动作的变化，还需要向上移动。

图2-18 孙悟空腾云飞起效果

先将素材文件夹中，孙悟空不同姿态的图片（见图 2-19）放入项目文件中。

将孙悟空图片的对象名设定为"sun"。更改图片位置要用到更新数字参数指令，在"行空板"分类下找到该指令，拖出并参考图 2-20 所示的说明修改对应内容。

图2-19　孙悟空不同姿态图片名

图2-20　修改孙悟空图片位置的设置

要实现孙悟空向上移动，只需要更改图片的 y 坐标，让 y 坐标减小即可。为了让孙悟空向上飞行慢一点，可以逐渐改变孙悟空图片的位置，孙悟空向上飞行程序如图 2-21 所示。

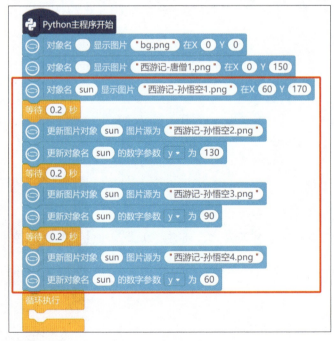

图2-21　孙悟空向上飞行程序

运行程序

程序运行后，在行空板屏幕上按图 2-22 所示的顺序显示孙悟空腾云飞起的效果。

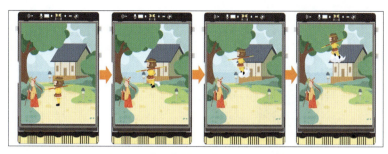

图2-22　孙悟空腾云飞起显示图片顺序

编程知识

● 对象

1. 什么是对象

图2-23　舞台剧中的对象

程序世界的"对象"是程序中具体的操作目标，比如在本课的舞台剧中，孙悟空图片、孙悟空台词等这些具体的操作目标都是对象（见图 2-23）。

对象有多种属性，如对象的位置、颜色、文字内容等。不同类型的对象，如文字、图片等，其属性也略有不同。常见的对象类型有文字、数码管字体、矩形、填充矩形和图片，各自的属性见表 2-4。

表2-4　文字、数码管字体、矩形、填充矩形和图片对象的可修改属性

对象类型	可修改属性
文字对象	x 坐标、y 坐标、宽度、文字内容、文字颜色、字体大小
数码管字体对象	x 坐标、y 坐标、文字内容、文字颜色、字体大小
矩形对象	x 坐标、y 坐标、宽度、高度、线宽、颜色、圆角半径（圆角矩形可改）
填充矩形对象	x 坐标、y 坐标、宽度、高度、颜色、圆角半径（圆角矩形可改）
图片对象	x 坐标、y 坐标、宽度、高度、图片源

2. 对象的命名规则

对象的属性是可以修改的，前提是创建对象时需要给对象命名。对象的命名规则如下。

（1）一般由字母、数字、下划线构成；

（2）不能以数字开头；

（3）不能使用中文；

（4）不能使用 Python 的关键字，即 Python 中已经有特殊含义的词，如 True、False、def、if、elif、else、import 等；

（5）建议对象名不要太长，尽量有意义，便于理解。

● 指令回顾

接下来，我们对项目 3 所使用的指令进行回顾，见表 2-5。

表 2-5　项目 3 指令

指令	说明
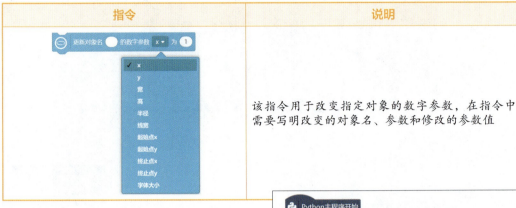	该指令用于改变指定对象的数字参数，在指令中需要写明改变的对象名、参数和修改的参数值

挑战自我

现在师徒四人还差沙僧和猪八戒，尝试把猪八戒和沙僧也添加进舞台，并让他们和唐僧一起走动，效果如图 2-24 所示，程序如图 2-25 所示。

图2-24　师徒四人走动图示

项目 4　按键控制图片

利用行空板按键，设计舞台剧的角色交互。实现按下 A 键，猪八戒出现，按下 B 键，沙僧出现，效果如图 2-26 所示。

图2-25　师徒四人走动程序

图2-26　按下A、B键角色出现效果

编写程序

在项目 3 的挑战自我中，师徒四人已经出现。现在需要加入行空板自带的 A、B 键，按下按键控制猪八戒和沙僧的出现。行空板 A、B 键位置如图 2-27 所示。

图2-27　行空板A、B键位置

程序实现的大致思路是：先让猪八戒和沙僧移出行空板屏幕，然后按下 A、B 键，控制角色移动到合适的位置。

以猪八戒为例，参考图 2-28 所示的处理方法，只需要修改猪八戒图片的初始 X 坐标，就能将其移出行空板屏幕。由于行空板屏幕 X 坐标的可见范围是 0~240，当图片的 X 坐标超出这个范围时，就不会显示在屏幕上了。

图2-28　将猪八戒移出屏幕

接下来，我们来学习按键的相关指令。在"行空板"的"鼠标键盘事件"分类下，拖出当行空板按键 A 被按下指令，如图 2-29 所示。

图2-29　行空板A、B键操作指令

编写程序，当按下 A 键时，猪八戒图片的 X 坐标更新到合适的位置（见图 2-30）。

图2-30 按下A键修改猪八戒图片的 X 坐标

最后，完善程序，加上按下 B 键，将沙僧图片的 X 坐标更新到合适位置。核心程序如图 2-31 所示。

> **注意：** 图 2-31 所示为部分程序，程序的剩余部分和项目 3 中挑战自我的参考程序相同。

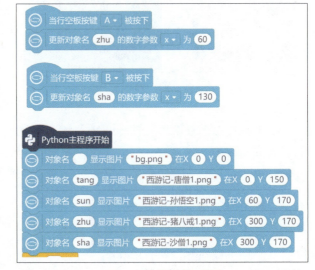

图2-31 项目4核心程序

运行程序

程序运行后，在行空板屏幕上显示唐僧原地走动和孙悟空腾云飞起的动态效果。按下行空板右侧 A 键，猪八戒出现并原地走动；按下 B 键，沙僧出现并原地走动，效果如图 2-32 所示。

图2-32 最终效果

编程知识

● 指令回顾

接下来，我们对项目 4 所使用的指令进行回顾，见表 2-6。

表2-6 项目4指令

指令	说明
当行空板按键 A ▾ 被按下 ✓ A B	该指令表示当行空板 A 键被按下时，执行下面放置的程序，下拉参数包括 A 和 B

硬件知识

● 行空板的按键

图2-33　行空板板载按键

行空板上一共有 3 个按键（见图 2-33），它们分别是 A 键、B 键和 HOME 键。当行空板屏幕正对你的时候，A 键位于右侧上面，B 键位于 A 键下方，而 HOME 键位于左侧。

行空板 A、B 键的相关指令，都位于"行空板"的"鼠标键盘事件"分类下（见图 2-34）。

图2-34　行空板A、B键操作指令

在断开行空板，使用 Python 弹窗运行程序时，A、B 键其实对应的就是键盘上的 A 键和 B 键。使用时，需要切换至英文输入法。

HOME 键主要功能是操作主菜单（见图 2-35），不能使用指令控制 HOME 键。长按 HOME 键可进入主菜单，此时，A、B 键可控制光标的上、下移动；短按 HOME 键表示确认或进入选项。

图2-35　与主菜单相关的按键操作

行空板的屏幕为电阻式触摸屏，也可以用手指点触屏幕进行菜单控制。

● 数字信号

数字信号是指只有 0 或 1 的信号。

之所以用 0 和 1 表示数字信号，是因为电路只有两种状态，即电路的通与断。数字信号 1 表示电路连通，数字信号 0 表示电路断开。图 2-36 展示了一串数字信号。

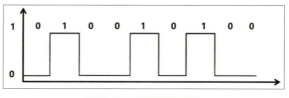

图2-36　数字信号示例

比如，按下行空板 A 键时，输出的数字信号为 1；没有按下时，输出的数字信号为 0。

挑战自我

结合第 1 课，在行空板屏幕上显示文字的方法，继续为唐僧、孙悟空、猪八戒和沙僧 4 个角色添加对应的台词。例如，唐僧的台词为"贫僧自东土大唐而来"，孙悟空的台词为"啰嗦，俺老孙去也"，猪八戒的台词为"散伙，我要回高老庄"，沙僧的台词为"师傅说得对"，效果如图 2-37 所示。

图2-37　挑战自我效果

> **注意:** 这里为了让文字显示得更清晰，可以增加圆角填充矩形，作为文字背景，对应的指令见表 2-7。

表 2-7　圆角填充矩形指令介绍

指令	说明
对象名 显示圆角填充矩形 在X 0 Y 0 宽 100 高 200 圆角半径 5 填充颜色	该指令用于在行空板上显示空心圆角矩形，在指令中可以设置圆角矩形的位置、宽、高、圆角半径、线宽及边框颜色

挑战自我程序如图 2-38 所示。

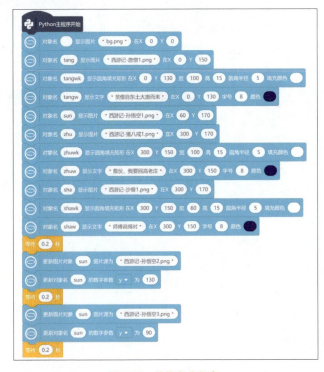

图2-38　挑战自我程序

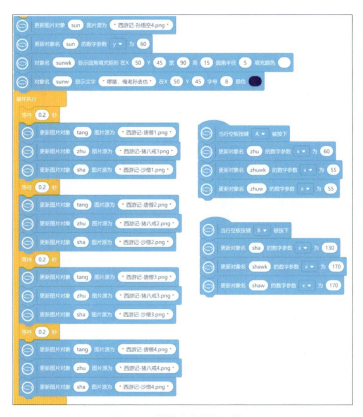

图2-38 挑战自我程序（续）

拓展项目 屏幕小精灵

通过本课的学习，我们已经掌握了显示图片和行空板按键相关的操作。尝试设计一个屏幕小精灵，实现表 2-8 所示的功能。

表 2-8 拓展项目功能

屏幕小精灵		
（1）屏幕中间显示打瞌睡的动态表情	（2）按下行空板 A 键，动态表情变为思考，并显示"你找我有什么事？"	（3）按下行空板 B 键，动态表情变为汗颜，并显示"没事你别按它"

> **注意:** 相关图片素材（见图 2–39）已在电子资源中提供。编写程序时，注意先将图片拖动到项目文件中。

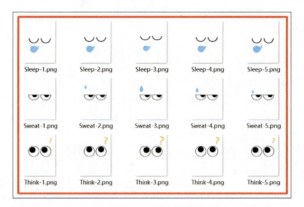

图2-39　拓展项目图片素材

拓展项目程序如图 2–40 所示。

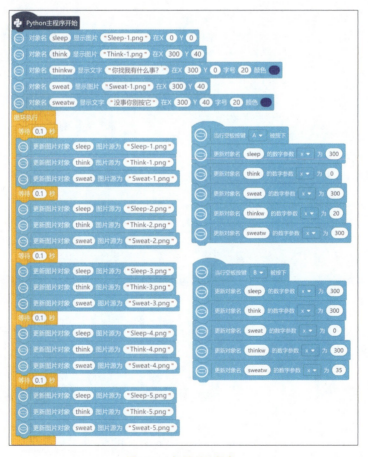

图2-40　拓展项目程序

第3课 密室逃脱游戏

密室逃脱——顾名思义就是从一间封闭的房子里面逃出来，玩家在游戏过程中需要保持头脑清醒，根据提示找到钥匙，打开房门让自己脱离险境。本节课，我们就来制作一款密室逃脱游戏（见图3-1），体验奇妙的游戏旅程。

图3-1 密室逃脱游戏及效果

游戏场景设置：利用各种道具图片，布置密室场景，并将钥匙藏在道具下面。
游戏机制设置：移走道具，找到钥匙，再将钥匙移动到门锁位置，打开密室门。

项目1 调整图片比例

在行空板屏幕上，以合适的比例显示背景、门、地毯、钥匙图片，布置图3-2所示的游戏场景。

> **注意：** 本课的材料清单、连接硬件和准备软件部分与第1课相同，这里不再赘述。

钥匙藏于地毯下方

图3-2 游戏场景布置画面

编写程序

为了便于理解，对游戏场景进行了拆分。如图3-3所示，游戏场景可拆分为密室逃脱背景、门、地毯、钥匙。

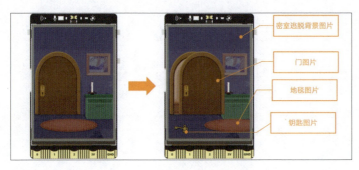

图3-3　游戏场景拆分

将要用到的图片，从本课的素材文件夹中加载到项目中，操作如图3-4所示。

图3-4　将图片加载到项目中

先在屏幕上显示密室逃脱的背景图片，参考图3-5在Python主程序开始指令下面增加显示图片指令。

运行这个程序，发现背景图没有完全显示，屏幕上只能看到图片的一部分。

这是因为原图大小超出了行空板屏幕大小。如图3-6所示，原图分辨率为896像素×1109像素，行空板屏幕分辨率为240像素×320像素，行空板屏幕的分辨率比图片小，所以只能显示图片的一部分。

图3-5　显示密室逃脱的初始背景图片

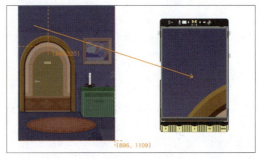

图3-6　图片显示不全

怎么显示完整的图片呢？这里提供两种方法。

方法1：在图片处理软件中，将图片的大小调整为240像素×320像素。

方法2：在显示图片指令下，添加更新数字参数指令，修改图片的显示比例（见图3-7）。

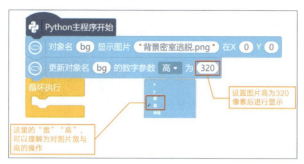

图3-7　用指令修改图片显示比例

门、地毯、钥匙图片以同样的方式进行设置。编写程序时，为了合理分布各张图片的位置，在图 3-8 中用虚线矩形框将图片框出来，标注橙点位置的坐标就是图片在行空板上的坐标。

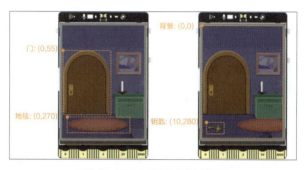

图3-8　游戏场景图片坐标分析

游戏场景设置程序如图 3-9 所示。

图3-9　游戏场景设置程序

运行程序

单击"运行"，在行空板屏幕上会显示图 3-10 所示的游戏场景。

图3-10　游戏场景效果

编程知识

● 行空板的图片比例

如图 3-11 所示，对比左侧原背景图与右侧行空板上显示的图片的区别，会发现在行空板上图片显示不完整。这是为什么呢？

这和图片的比例缩放有关。关于图片比例的计算，可参考换算公式：缩小比例＝原图片的高／行空板屏幕的高。下面就用这个公式，说明图片显示不完整的问题。

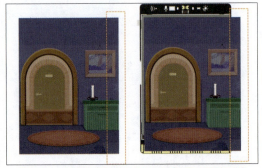

图3-11　原背景图和修改后行空板显示图片对比

将图片的高（1109 像素）与行空板屏幕的高（320 像素）代入公式进行换算，缩小比例约为 3.5:1，缩小后的图片大小约为 256 像素×320 像素。行空板显示大小为 240 像素×320 像素，因此图片右侧会有一小部分不能显示。详细变换过程如图 3-12 所示。

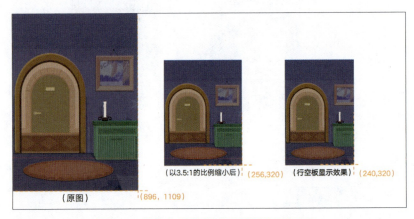

图3-12　修改大小后图片无法完整显示的原因

● 指令回顾

接下来，我们对项目 1 所使用的指令进行回顾，见表 3-1。

表 3-1　项目 1 指令

指令	说明
更新对象名 ◯ 的数字参数 高▾ 为 1	该指令用于改变指定对象的数字参数，指令中需要写明对象名、参数和修改的参数值。当参数选择为高或宽时，可以用来修改图片的显示比例

项目2 点击图片

项目1已经将密室场景布置好了，钥匙也被藏在了地毯下。游戏规则是点击道具找钥匙，当点击地毯时，地毯移动，露出钥匙，点击地毯的效果如图3-13所示。

图3-13 点击地毯的效果

编写程序

这里需要实现的功能是点击地毯出现钥匙，所以需要给地毯图片增加一个点击回调函数。使用创建点击回调函数指令（见图3-14），为图片创建点击的回调函数，创建时需要明确回调函数名。

图3-14 创建点击回调函数指令

该指令中，通过对象名确定为哪个图片对象创建回调函数；通过回调函数名，绑定需要执行的回调函数。

图3-15 点击回调函数被触发指令

该指令需要和点击回调函数被触发指令（见图3-15）搭配使用，并且回调函数名要保持一致。

点击地毯图片后，可以通过更新数字参数指令，让地毯向右移动50像素，将钥匙露出来，程序如图3-16所示。

运行程序

单击"运行"按钮，在行空板屏幕上会显示游戏场景，点击地毯，地毯会向右移动一点，露出钥匙。操作及效果如图3-17所示。

图3-16 点击地毯，钥匙出现的程序

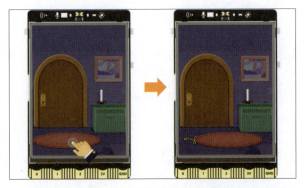

图3-17　项目2操作及效果

硬件知识

● 行空板触摸屏

1. 触摸屏介绍

行空板的屏幕为电阻式触摸屏，用户可以用手指点触屏幕，进行交互。点击屏幕时，屏幕上会出现一个黑色箭头，如图 3-18 所示，这就是行空板的屏幕鼠标指针。

图3-18　行空板屏幕鼠标指针

什么是电阻式触摸屏呢？

电阻式触摸屏，俗称"软屏"，是靠屏幕垂直受力进行感应的。所以在触屏时，往往需要用手指或者其他坚硬物体，垂直点压屏幕，实现控制。

与电阻式触摸屏对应的是电容式触摸屏，也就是现在大多智能手机的屏幕。电容式触摸屏，俗称"硬屏"，是利用人体电流感应工作的。所以在触屏时，可以用指腹点触屏幕，实现操作。

2. 校准触摸屏

如果行空板屏幕出现点击位置不准确的问题，可以进行校准。方法如图 3-19 所示，当行空板屏幕亮起后，长按 HOME 键，进入主菜单，然后按照以下步骤进行校准。

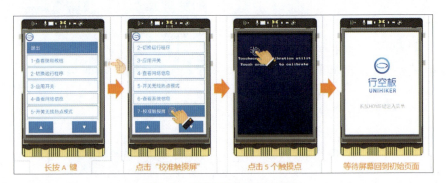

图3-19　行空板校准触摸屏方法

编程知识

● 函数

创建点击回调函数指令中使用了回调函数，在学习回调函数前，先来了解一下函数的概念。

在 Python 中，函数是实现特定功能的、可重复使用的代码块。函数是编程中的一个基本概念，用于将复杂的任务分解为更小、更易于管理的代码片段。

回调函数就是函数的一种，在后面的学习中，我们还将学习如何自定义函数。

● 回调函数

1. 什么是回调函数

行空板屏幕上显示的文字、图片等，都属于 Python 的图形用户界面（Graphical User Interface, GUI）编程。在 GUI 中，将文字、图片等统一称为组件。组件会发生一些相应的行为，例如图片被点击等，这称为事件。GUI 中，对事件采取的响应动作即为回调。当事件被触发时，就会执行对应的回调函数。

在本项目中，组件为地毯图片，事件为点击地毯图片，回调函数为点击地毯后更新其位置。

2. 回调函数的工作流程

在主程序运行后，会一直判断回调函数是否被触发，当被触发后，执行一次回调函数中的程序。在执行回调函数时，主程序中的其他程序不会受影响，还会继续执行。回调函数的执行流程如图 3-20 所示。

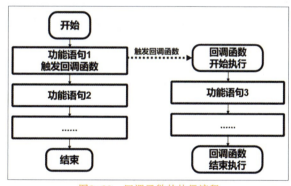

图3-20　回调函数的执行流程

● 指令回顾

接下来，我们对项目 2 所使用的指令进行回顾，见表 3-2。

表 3-2　项目 2 指令

指令	说明
对象名 ⬜ 的点击回调函数为 button_click1	该指令用于给指定对象增加一个点击事件的回调函数，指令中需要写明对象名、回调函数名
当点击回调函数 button_click1 被触发	该指令需要和创建点击回调函数指令搭配使用，并且函数名需要保持一致

项目3 跟随鼠标指针移动图片

找到钥匙后，实现点击钥匙，钥匙跟随屏幕鼠标指针一起移动的效果，如图 3-21 所示。

图3-21 移动钥匙效果

编写程序

钥匙出现后，需要点击移动它，怎么实现呢？

控制行空板屏幕鼠标指针的图形化指令如图 3-22 所示。

让钥匙跟随鼠标指针一起移动，只需要将钥匙的坐标更新为鼠标指针的坐标即可，具体实现方法如图 3-23 所示。

图3-22 控制行空板屏幕鼠标指针指令

图3-23 让钥匙跟随鼠标指针一起移动的实现方法

项目 3 的核心程序如图 3-24 所示。

> **注意：** 这里省略的程序与项目 2 的程序一致。

图3-24 项目3核心程序

运行程序

单击"运行"，在行空板屏幕上会显示游戏场景，点击屏幕，钥匙图片会随鼠标指针一起上下移动，操作和效果如图 3-25 所示。

> **注意：** 在程序中只设置了更新图片的 Y 坐标，所以钥匙只会随鼠标指针一起上下移动，而不会左右移动。

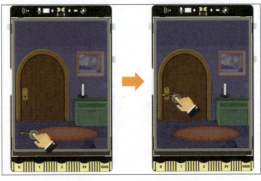

图3-25 项目3操作和效果

编程知识

● 指令回顾

接下来，我们对项目 3 所使用的指令进行回顾，见表 3-3。

表 3-3　项目 3 指令

指令	说明
当接收到鼠标移动事件 返回坐标 X Y	该指令用于获取鼠标指针移动过程中返回的 X、Y 坐标，在点击行空板屏幕时会触发鼠标移动事件

挑战自我

尝试让钥匙跟随鼠标指针一起实现上、下、左、右移动。

核心程序如图 3-26 所示。

图3-26　项目3挑战自我核心程序

项目4　完善游戏机制

最后，我们来完善整个密室逃脱游戏的游戏机制。

游戏机制为：钥匙藏在地毯下面，首先需要点击地毯，露出钥匙；然后，点击钥匙，钥匙随鼠标指针一起移动；最后，钥匙移动到门锁位置时，密室门被打开。游戏流程如图 3-27 所示。

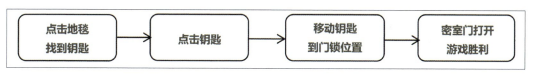

图3-27　游戏流程

编写程序

● 判断游戏胜利

这个游戏中，游戏胜利的标准是将钥匙成功移动到门锁位置。如何实现呢？我们先来分析一下门锁在行空板上的位置。图 3-28 展示了门锁的 Y 坐标范围。

门锁在行空板上的 Y 坐标为 150~200，因此需要判断钥匙的 Y 坐标是否在 150~200。判断需要用到如果……那么执行指令（见图 3-29），它表示满足某个条件时，就执行某语句。

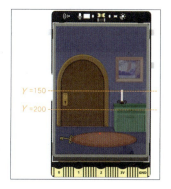

图3-28　门锁的Y坐标范围

这里判断的条件是 Y 坐标为 150~200，需要用到运算符中的比较运算符">""<"和逻辑运算符"与"。

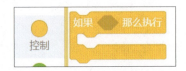

图3-29　如果……那么执行指令

如果 Y 坐标为 150~200，需要实现密室门被打开的效果，使用删除对象指令删除 door 和 key 即可。在此基础上，也可以加上对钥匙 X 坐标的判断。核心程序如图 3-30 所示。

程序运行后，可以看到钥匙移动到门锁的位置后，就会实现密室门被打开的效果（见图 3-31）。

图3-30　密室门被打开核心程序

● 先点击地毯，再移动钥匙

现在的游戏中，点击屏幕任一位置都会出现钥匙，这是因为"鼠标移动事件"的程序与点击回调函数的程序的执行没有先后顺序。

要让这两个程序的执行有先后顺序，可以通过新建变量来解决。按照图 3-32 所示的步骤，先新建一个名称为"flag"的变量。

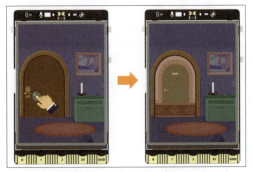

图3-31　密室门被打开效果

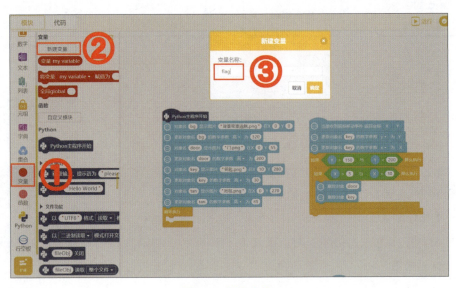

图3-32　新建变量

编程的思路是，先在主程序中将变量 flag 的值设为 0，点击地毯后，将 flag 的值设为 1，只有当 flag 的值为 1 时，才让钥匙图片跟随鼠标指针移动，流程如图 3-33 所示。

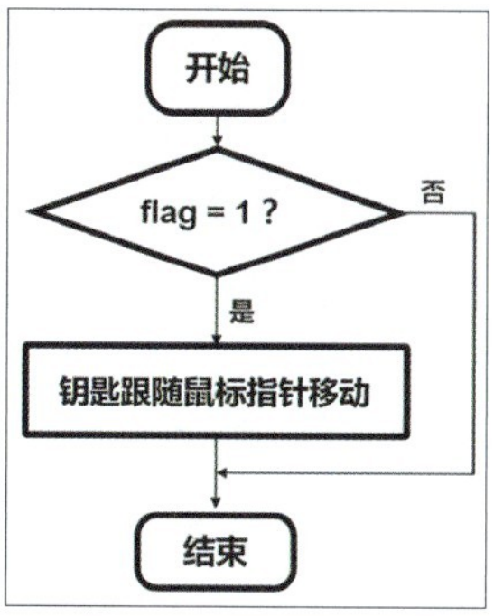

项目 4 程序如图 3-34 所示。

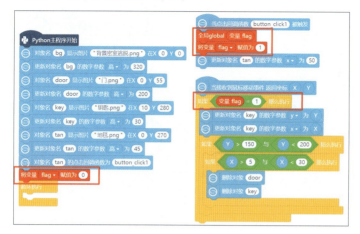

图3-33　钥匙跟随鼠标指针移动流程

图3-34　项目4程序

运行程序

程序运行后，首先，需要找到钥匙，点击地毯，露出钥匙；然后，点击钥匙，钥匙随鼠标指针一起移动；最后，钥匙移动到门锁位置时，密室门被打开。操作和效果如图 3-35 所示。

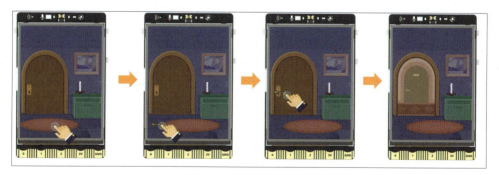

图3-35　游戏操作和效果

编程知识

● 分支结构

分支结构：是指在程序中根据一定的条件，选择执行路径的程序结构，也叫选择结构。分支结构流程如图 3-36 所示。

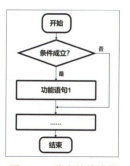

图3-36　分支结构流程

分支结构与前面学习的顺序结构、循环结构，是程序设计的三大基本结构。

本项目中，使用图 3-37 所示的如果……那么执行指令，实现分支结构。在该指令中，给定了判断条件，执行程序时，会判断条件是否成立，根据判断结果（真或假）执行不同的操作。

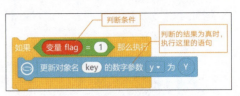

图3-37 项目中分支结构示例

● 运算符

运算符用于执行程序运算，会针对一个或一个以上的操作数来进行运算。例如 3+2，其中操作数是 3 和 2，运算符则是 +。在 Mind+ 中，运算符大致可分为 6 种类型（见图 3-38）：算术运算符、位运算符、比较运算符、逻辑运算符、字符串字节运算符、条件运算符。

本项目用到了比较运算符和逻辑运算符，因此重点介绍一下这两种运算符，如果后续使用到其他运算符，还会继续介绍。

1. 比较运算符

比较运算符在程序中是用作判断的，用于对常量、变量或表达式的结果大小进行比较。比较运算符返回的结果只有两种，True（真）和 False（假）。

① 比较运算符 ">" 如图 3-39 所示，如果变量 Y 的值大于 150，返回 True，否则返回 False。

② 比较运算符 "<" 如图 3-40 所示，如果变量 Y 的值小于 200，返回 True，否则返回 False。

③ 比较运算符 "=" 如图 3-41 所示，如果变量 flag 的值等于 1，返回 True，否则返回 False。

2. 逻辑运算符

逻辑运算符用于对程序中的逻辑值进行运算，逻辑值也只有两种，True 和 False。Mind+ 中的逻辑运算符有 3 个，分别为与、或、非，对应的程序指令如图 3-42 所示。

从模块可以看出来，逻辑运算符 "与" 和 "或"，必须有两个操作数才能进行运算，因

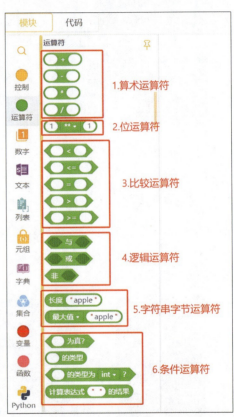

图3-38 Mind+中的运算符

图3-39 ">"运算符示例

图3-40 "<"运算符示例

图3-41 "="运算符示例

此"与"和"或"又称为双目运算符。逻辑运算符"非"称为单目运算符，只要一个操作数就可以进行运算。

图3-42　逻辑运算符

① 逻辑运算符"与"，只有当两个操作数的值都为真时，运算结果为 True，否则为 False。如图 3-43 所示，当变量 Y 的值为 180 时，"Y>150" 并且 "Y<200"，那这个逻辑表达式的逻辑值为 True。这个"与"就相当于日常生活中表达的"并且"。

② 逻辑运算符"或"，只要其中一个操作数的值为真，运算结果就为 True；当两个操作数的值都为假时，运算结果为 False。逻辑运算符"或"就相当于生活中我们说的"或者"。

图3-43　"与"运算符示例

③ 逻辑运算符"非"，只对一个操作数的值进行运算，当操作数的值为真时，逻辑运算结果为 False；当操作数的值为假时，逻辑运算结果为 True。

变量

1.变量

什么是变量？为了便于理解，我们可以将变量看作一个盒子，给变量赋值就相当于往这个盒子里放东西。变量可以被重复赋值，相当于盒子里的东西被拿出来后，再往盒子里放另一个东西。

图 3-44 所示的程序就是给变量 flag 重复赋值，第一次赋值，相当于在 flag 这个空盒子里面放入了一个数字 0，那么 flag 的值就为 0；第二次赋值时，将 0 拿出来，再将数字 1 放入盒子，flag 的值为 1（见图 3-45）。

图3-44　给变量重复赋值的程序

图3-45　给变量重复赋值示意

新建变量时，需要给这个变量进行命名，命名时需要严格遵守变量的命名规则。

（1）一般由数字、字母、下划线构成。

（2）命名不能使用 Python 的关键字，即 Python 中已经有特殊含义的词，如 True、False、def、if、elif、else、import 等。

（3）名称中不能包含特殊字符，如 \ ` ~ ! @ # $ % ^ & * ( ) + < > ? : , . / ; ' [ ] 等。

（4）命名时最好能做到见名知意。

2. 全局变量

什么是全局变量？简单地说只要将变量定义为全局变量，程序中的其他函数或者循环中都可以使用该变量的值，一直到程序结束。但是如果要修改变量的值，就需要在修改的函数下再次定义全局变量。

与全局变量对应的是局部变量，其只能在它所在的函数或循环中使用，并且随函数或循环结束而结束。将变量放入图3-46所示的指令中，就可以定义该变量为全局变量。

● 指令回顾

接下来，我们对项目4所使用的指令进行回顾，见表3-4。

图3-46 全局变量
义定指令

表 3-4 项目 4 指令

指令	说明
如果 那么执行	条件语句，如果条件成立，则执行代码中的内容
>	比较运算符 ">"，需要两个操作数，当前一个操作数大于后一个操作数时，返回值为 True，否则为 False
<	比较运算符 "<"，需要两个操作数，当前一个操作数小于后一个操作数时，返回值为 True，否则为 False
=	比较运算符 "="，需要两个操作数，当两个操作数的值相等时，返回值为 True，否则为 False
与	逻辑运算符 "与"，需要两个操作数，只有当两个操作数的值都为真时，运算结果为 True，否则为 False
变量 flag	该指令用于读取变量内存储的数据
将变量 flag ▾ 赋值为	该指令用于给指定的变量赋值
全局global	定义全局变量，将变量放入这个模块中，就可以定义该变量为全局变量

拓展项目　升级版密室逃脱游戏

游戏场景的设置很简单，就是在行空板屏幕的不同位置显示不同的图片，并更改图片的大小。接下来，大家可以使用本课中的方法，将素材文件夹中的时钟和钥匙串图片（见图3-47）添加进游戏中，并利用它们给游戏增加难度。比如，在墙上放置一个时钟，将真钥匙藏在时钟后面；在门边的柜子上放一串假钥匙，用来迷惑玩家。

图3-47 时钟和钥匙串图片

第4课　名画互动博物馆

　　如果名画不仅能用双眼欣赏，还可以通过点赞，被推荐给更多的人，你是否会为喜爱的名画驻足点赞呢？通过网络上流行的点赞方式，不仅可以与名画进行互动，还能增添名画的趣味性，让名画得到更多人的关注和喜爱。

　　《清明上河图》是一幅举世闻名的现实主义风俗画，向人们展示了北宋京城繁华热闹的景象和优美的自然风光。本课以《清明上河图》摹本（局部）为例，教大家制作一个可以点赞互动的名画互动博物馆（见图4-1）。

图4-1　名画互动博物馆效果

项目1　点击鼠标指针移动图片

　　在行空板屏幕上显示《清明上河图》摹本（局部）的局部，点击屏幕上、下、左、右位置，图片向对应方向移动，显示其他部分。初始画面如图 4-2 所示。

注意:	本课的材料清单、连接硬件和准备软件部分与第1课相同，这里不再赘述。

图4-2　名画互动博物馆
初始画面

编写程序

将本课素材文件夹中的"清明上河图.png"加载入项目中（见图4-3）。

图4-3　将背景图加载入项目中

使用显示图片指令，设置图片在行空板屏幕的 (0,0) 坐标处显示，如图 4-4 所示。

先来实现点击屏幕左右位置，图片向对应方向移动。如何判断点击的是屏幕左侧还是右侧呢？

图4-4　显示背景图片指令

程序如图 4-5 所示，获取鼠标指针返回的 X 坐标，判断点击的是行空板屏幕的左侧还是右侧。如果 $X \geq 160$，说明点击的是屏幕右侧；如果 $X \leq 80$，说明点击的是屏幕左侧。

怎么移动图片呢？可以通过改变图片的 X 坐标来控制图片左右移动。具体分析如图 4-6 所示。

图4-5　判断点击屏幕左右位置的程序

图4-6　左右移动图片实现方法分析

新建一个变量img_x，用来改变图片的 X 坐标值，完整程序如图 4-7 所示。

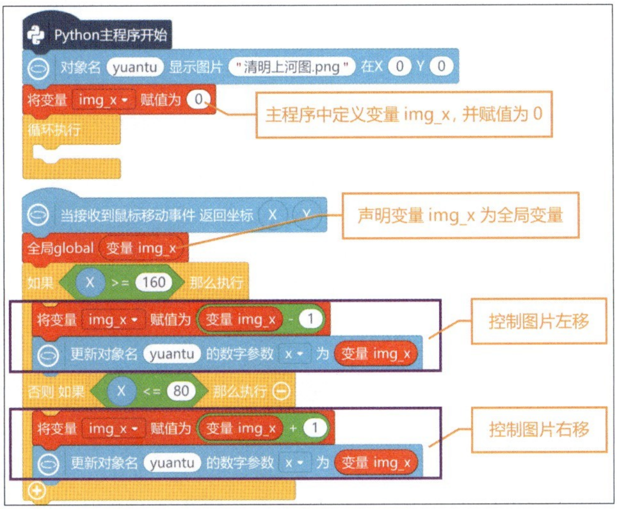

图4-7　左右移动图片程序

运行程序

运行程序，在行空板屏幕上显示局部图片。点击屏幕左右位置，移动图片，操作如图 4-8 所示。

编程知识

● **算术运算符**

算术运算符就是进行数学运算的运算符。Mind+ 中主要的算术运算符有"+"（加）、"-"（减）、"＊"（乘）、"/"（除）。例如 3+2，操作数为 3 和 2，算术运算符为"+"，返回的结果就是 3+2 的值，结果为 5。

① 算术运算符"+"，代表求和。如图 4-9 所示，假设变量 img_x 的值为 10，返回求和的结果为 11。

② 算术运算符"-"，代表求差。如图 4-10 所示，假设变量 img_x 的值为 10，返回求差的结果为 9。

③ 算术运算符"＊"，代表求积。如图 4-11 所示，假设变量 img_x 的值为 10，返回求积的结果为 20。

④ 算术运算符"/"，代表求商。如图 4-12 所示，假设变量 img_x 的值为 10，返回求商的结果为 -1。

程序中算术运算符的操作数为两个，返回的结果就是该算术运算符的计算结果。其中操作数可以是常量、变量和运算式，并且运算规则与数学规则一致。

图4-8　点击行空板屏幕（右侧）操作

图4-9　算术运算符"+"示例

图4-10　算术运算符"-"示例

图4-11　算术运算符"＊"示例

图4-12　算术运算符"/"示例

● 多分支条件结构

多分支条件结构：是指在程序中设置不同的条件，根据条件是否成立，选择不同的执行路径。如图 4-13 所示，多分支条件结构是条件判断语句中的一种，它通常被用来进行两种以上可能性的判断，单击"+"增加判断情况，单击"−"减少判断情况。

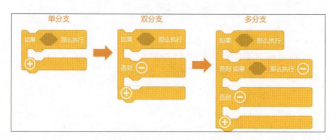

图4-13　多分支条件结构指令操作

当为双分支时，执行过程是：判断条件是否成立，如果成立就执行"那么执行"后面的语句，否则就执行"否则"后面的语句。双分支条件结构对应的指令和执行流程如图 4-14 所示。

多分支条件结构（分支数为 3）的执行过程是判断条件 1 是否成立，成立就执行语句 1；否则判断条件 2 是否成立，成立就执行语句 2；否则执行语句 3。多分支条件结构（分支数为 3）对应的指令和执行流程如图 4-15 所示。

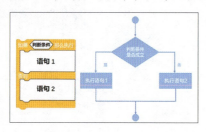

图4-14　双分支条件结构对应的指令
和 执行流程

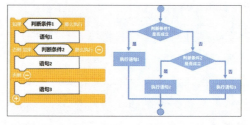

图4-15　多分支条件结构（分支数为3）对应的指令
和 执行流程

● 指令回顾

接下来，我们对项目 1 所使用的指令进行回顾，见表 4-1。

表 4-1　项目 1 指令

指令	说明
(+)	求两个操作数的和，操作数可以是常量、变量、运算式等
(−)	求两个操作数的差，操作数可以是常量、变量、运算式等
如果 那么执行	多分支条件结构指令，如果条件成立，则执行指令中的内容。单击"+"，可以设置多个分支

图4-16　上、下、左、右移动图片参考程序

挑战自我

尝试完善程序，实现点击屏幕上、下、左、右位置，图片向对应方向移动，参考程序如图 4-16 所示。

项目2　显示矩形框

由于画卷过大，查看过程中无法准确地知道自己当前看到的画面在画卷中对应的位置，采用图 4-17 所示的缩略图和矩形框的形式帮助我们快速定位。

编写程序

本项目需要用到的对象如图 4-18 所示。

原图宽为 1833 像素，高为 500 像素，如何才能显示宽和高各缩小为原图 1/10 的缩略图呢？如图 4-19

图4-17　缩略图定位效果

所示，使用更新数字参数指令，设置图片的高为 50 像素。

图4-18　项目2显示对象分析

图4-19　显示缩略图程序

为了区分缩略图和原图，使用显示矩形指令给缩略图绘制一个矩形框，如图 4-20 所示。缩略图的宽和高各为原图的 1/10，因此需要绘制一个宽为 183.3 像素、高为 50 像素的缩略图框。

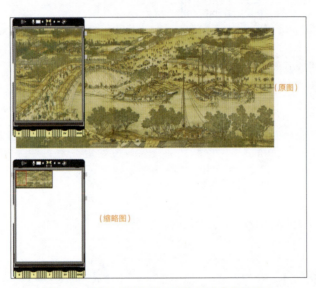

图4-20　绘制缩略图框程序

　　定位框在缩略图上，可以通过定位框在缩略图上的位置，来判断行空板当前显示的画面在原图中的位置。

　　缩略图与原图宽和高的大小关系是 1：10，那么定位框与行空板屏幕宽和高的大小关系一样，也是 1：10。行空板屏幕的大小为 240 像素 ×320 像素，因此定位框的大小就为 24 像素 ×32 像素。原图、缩略图与定位框的大致位置关系如图 4-21 所示。

（原图）

（缩略图）

图4-21　原图、缩略图与定位框的大致位置关系

　　定位框要随原图一起移动，如果原图移动 img_x，定位框应该移动 img_x／－10（这里用负数，是因为定位框和图片的移动方向相反，原图左移，查看右侧画面，定位框右移）。定位框移动指令如图 4-22 所示。

图4-22　定位框移动指令

　　缩略图定位功能的完整程序如图 4-23 所示。

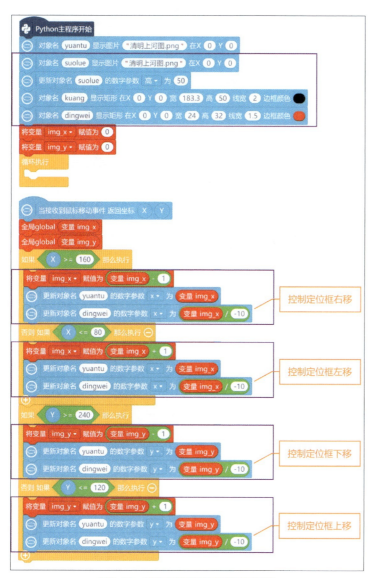

图4-23 缩略图定位功能的完整程序

运行程序

运行程序，在行空板屏幕上显示原图的局部和缩略图。点击屏幕，移动图片，缩略图中的定位框也会同步移动，操作效果如图4-24所示。

编程知识

● 指令回顾

接下来，我们对项目2所使用的指令进行回顾，见表4-2。

图4-24 缩略图定位功能操作效果

表4-2 项目2指令

指令	说明
/	求两个操作数的商，操作数可以是常量、变量、运算式等
对象名 ◯ 显示矩形 在X ◯ Y ◯ 宽 100 高 200 线宽 1 边框颜色 ◯	该指令用于在行空板屏幕上显示空心矩形，在指令中可以设置矩形的位置、宽、高、边框宽及边框颜色

项目 3　显示屏幕按钮

在屏幕上设置点赞按钮，按下按钮，出现一个点赞图片，效果如图 4-25 所示。

图4-25　屏幕按钮点赞效果

编写程序

如图 4-26 所示，本项目首先要设置一个点赞的按钮，按下按钮后，让点赞图片从按钮位置开始，自下而上移动。

图4-26　屏幕按钮点赞效果分析

将素材文件夹中的"赞 1.png"加载入项目中（见图 4-27）。

图4-27　将素材图片加载入项目中

在行空板屏幕上增加按钮的指令如图 4-28 所示。

图4-28　增加按钮指令

在主程序中增加按钮对象和点赞图片对象（见图4-29）。

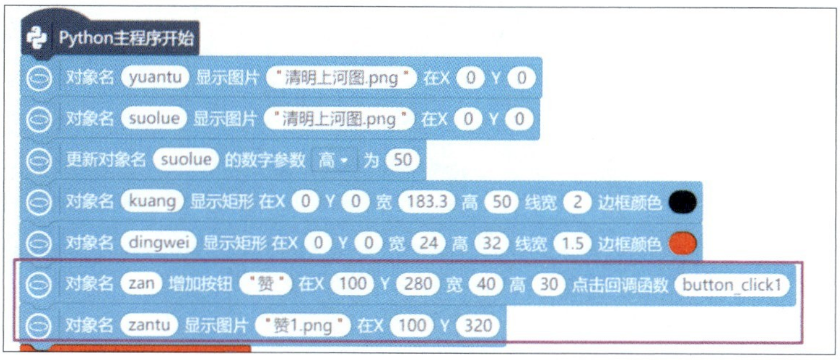

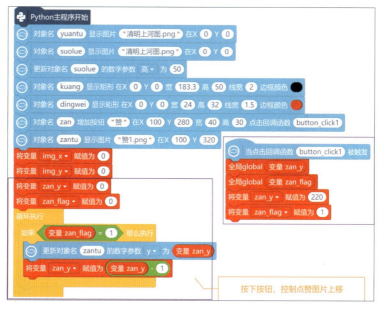

图4-29 增加按钮对象和点赞图片对象的程序

按钮功能是通过按钮的回调函数实现的，需要用到点击回调函数被触发指令，修改回调函数名，与增加按钮指令中的回调函数名保持一致（见图4-30）。

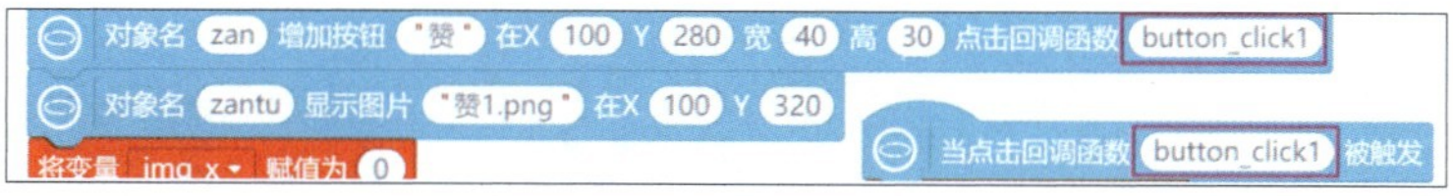

图4-30 回调函数名保持一致

新建变量 zan_flag 用来记录按钮是否被按下；新建变量 zan_y 用来改变点赞图片的 Y 坐标。图 4-31 展示了屏幕按钮点赞功能实现的程序。

图4-31 屏幕按钮点赞功能实现的程序

运行程序

运行程序，按下按钮后，点赞图片会自下而上移动，效果如图 4-32 所示。

编程知识

● 指令回顾

接下来，我们对项目 3 所使用的指令进行回顾，见表 4-3。

图4-32 点击屏幕按钮实现点赞效果

表4-3 项目 3 指令

指令	说明
 对象名 ◯ 增加按钮 "按钮" 在X ⓪ Y ⓪ 宽 40 高 30 点击回调函数 button_click1	该指令用于在行空板屏幕上显示按钮对象，在指令中可以设置对象名、按钮上显示文字、按钮位置、按钮大小和按钮功能实现的回调函数名

挑战自我

当我们为喜欢的名画点赞后，怎么样才能让其他人看到名画的点赞量有多少呢？尝试使用变量来计数，将点赞量显示在名画页面上，效果如图 4-33 所示。

点赞量统计功能程序如图 4-34 所示。

图4-33 点赞量统计效果

提示：点赞计数规则为，当点赞按钮被按下时，计数变量加 1。

图4-34 点赞量统计功能程序

第 2 章　感知与交互

　　生活中处处存在着交互与控制，我们手动打开台灯，屏幕自动播放广告，这些交互与控制采用了以"输入—计算—输出"为范式的计算模式。这是如何实现的呢？本章中的项目将加入多种传感器与执行器，结合编程和硬件搭建，帮助你感受输入、计算、输出环节的作用，学习手动和自动控制的实现原理。让我们一起在动手实践中学习知识，体验开源硬件的乐趣。

第5课　实景星空

夜幕降临，华灯初上，在城市中的你有多久没有看到过璀璨的星空了？其实，你看不到星星是因为城市的夜晚环境非常亮，而环境越亮就越看不到星星。

本课我们就使用行空板来模拟星空，根据环境的亮度控制星空的效果，如图5-1所示。

图5-1　实景星空项目效果

项目1　读取光照传感器

在行空板右上方有一个光照传感器，它可以读取环境的光照强度。本项目将读取光照传感器的数值，显示在屏幕上，效果如图5-2所示。

> **注意:**　本课的材料清单、连接硬件和准备软件部分与第1课相同，这里不再赘述。

图5-2　显示环境光照强度效果

编写程序

通过读取环境光强度指令读取光照传感器的数值。如图 5-3 所示，在指令区"行空板"分类下的"板载传感器"里寻找该指令。

拖出读取环境光强度指令，嵌入显示文字指令中，操作如图 5-4 所示。

图5-3　读取环境光强度指令

图5-4　在显示文字指令中嵌入读取环境光强度指令

为了获取实时环境光照强度数值，别忘了在循环执行指令里不断更新文字内容，程序如图 5-5 所示。

图5-5　项目1程序

运行程序

运行程序，在行空板屏幕上会显示实时的环境光照强度，如图 5-6 所示。尝试用手指遮住光照传感器，可以发现数值变小。

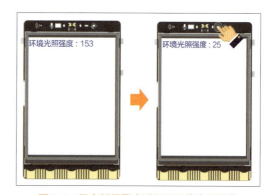

图5-6　行空板屏幕实时显示环境光照强度

编程知识

● 指令回顾

接下来，我们对项目 1 所使用的指令进行回顾，见表 5-1。

表 5-1　项目 1 指令

指令	说明
 读取环境光强度	该指令用于获取光照传感器的数值

硬件知识

● 行空板的光照传感器

行空板自带的光照传感器，可以读取环境光照强度。环境光照强度是一个连续变化的数值，数值小表示当前环境较暗；数值大表示当前环境较亮。所以，光照传感器的数值是一个模拟信号。

光照传感器由 PT0603 光敏三极管构成，基本原理是当光照到光敏三极管上时，光敏三极管会吸收光能，并将光能转变为电能。

在 Mind+ 中，通过读取环境光强度指令来获得光照传感器的数值。光照传感器的位置和数值读取指令如图 5-7 所示。

图5-7　光照传感器的位置和数值读取指令

● 模拟信号

模拟信号在一定范围内有无限个取值，图 5-8 所示就是一个模拟信号的波形。行空板的工作电压为 3.3V，在行空板中，已经将 0~3.3V 的电压值映射为 0~4095 的模拟值，0 对应 0V，4095 对应 3.3V。

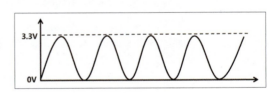

图5-8　模拟信号的波形

● 模拟信号与数字信号的区别

数字信号只有两个值，即 0 或 1，在行空板中，就是高电平和低电平，高电平代表数字 1，对应 3.3V；低电平代表数字 0，对应 0V。也就是说，如果使用数字信号来控制 LED，那么 LED 只有两种状态，亮或者灭（见图 5-9）。

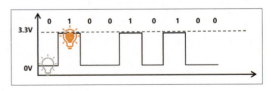

图5-9　用数字信号控制LED

行空板的模拟信号范围为 0 ~ 4095。如图 5-10 所示，如果使用模拟信号控制LED，那么 LED 的亮度就会有很多种状态，LED 的亮度可以随着模拟值变化而变化。

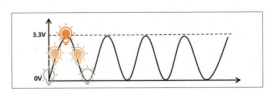

图5-10　用模拟信号控制LED

项目 2　RGB 值控制星星闪烁

在行空板屏幕上显示闪烁的星星，如图 5-11 所示。

编写程序

● 让星星亮起来

让星星亮起是通过将填充矩形与镂空图片叠加在一起实现的。为了便于理解，对屏幕显示的图案进行拆分，如图 5-12 所示，可以拆分为占满屏幕的白色填充矩形和镂空图片。

图5-11　行空板屏幕
显示闪烁的星星

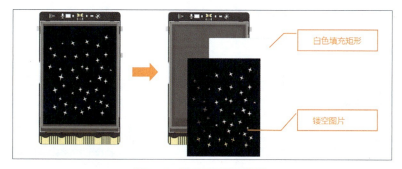

图5-12　屏幕显示图案分析

拖出填充矩形指令，设置对象名为 bg。设置白色填充矩形背景，如图 5-13 所示。

图5-13　设置白色填充矩形的程序

将本课素材文件夹中的"夜空背景 .png"加载入项目中（见图 5-14）。

图5-14　将夜空背景图片加载入项目中

接下来显示图片，别忘了调整图片大小，如图 5-15 所示。

图5-15　显示并调整夜空背景图片的大小

将白色填充矩形和镂空图片叠加在一起，就可以让星星亮起来了！

● 实现星星闪烁

星星的闪烁，也就是星星逐渐亮起又变暗的过程，可以通过改变白色填充矩形的颜色来实现，这里有两种实现方法。

方法 1：让底层填充矩形的颜色多次变化。实现方法如图 5-16 所示，这种方法可选的颜色有限，无法让星星亮度连续变化。

方法 2：使用图 5-17 所示的指令，逐渐地改变填充矩形的颜色。

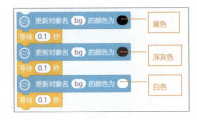

图5-16　用预设颜色让星星闪烁

图5-17　更新颜色指令

该指令通过设置红、绿、蓝的数值，可以实现颜色从黑色到灰色再到白色逐渐变化。图 5-18 展示了数值设置和颜色变化。

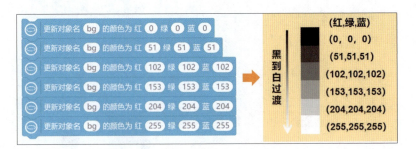

图5-18　颜色变化的程序与颜色变化

为了简化程序，可以利用"控制"分类下的重复执行几次指令控制变量"亮度"的值多次变化。

首先，将变量"亮度"的值设为 0，然后让变量"亮度"的值每次增加 51，控制颜色从黑色向灰色过渡，重复执行 5 次，直到变量"亮度"的值变为 255，颜色显示为白色。

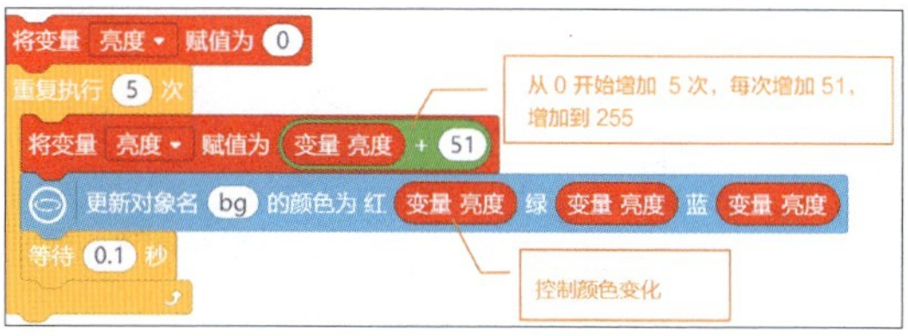

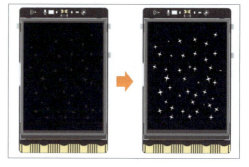

图5-19　实现星星闪烁的程序

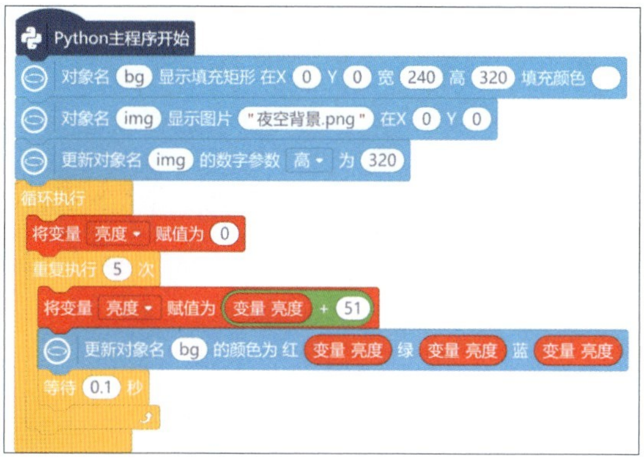

每次变化的时候可以设置等待时间，让颜色变化慢一点，程序如图5-19所示。

项目2程序如图5-20所示。

运行程序

运行程序，在行空板屏幕上会显示闪烁的星星，效果如图5-21所示。

图5-20　项目2程序

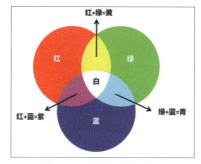

图5-21　星星闪烁效果

编程知识

● 三原色调色原理

更新颜色指令利用了三原色调色原理，来改变对象的颜色。

三原色指色彩中不能再分解的3种基本颜色，本课我们使用的三原色是光的三原色，即红、绿、蓝，简称RGB。通过这3种颜色的混合，就可以得到不同的颜色，光的三原色混色如图5-22所示。

图5-22　光的三原色混色

在指令中，红、绿、蓝3种颜色都可以使用数值去调整，不同数值混合出的颜色也不相同。需要说明的是，这3个颜色数值的有效变化范围是0~255。这里的数值表示的是每种颜色的亮暗程度，以红色为例（见图5-23），0表示黑色，255表示正红色。

图5-23　红色数值变化

比较特殊的混色是白色和黑色，白色是由红、绿、蓝3种颜色数值都为255混合而成，黑色是红、绿、蓝3种颜色数值都为0混合而成。如图5-24所示，当红、绿、蓝的数值相等时，就可以实现颜色从黑色到灰色再到白色的逐渐过渡。

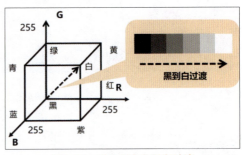

图5-24 黑色到白色逐渐过渡

● 指令回顾

接下来，我们对项目 2 所使用的指令进行回顾，见表5-2。

表5-2 项目2指令

指令	说明
更新对象名 ○ 的颜色为 红 255 绿 255 蓝 255　　255	该指令用于修改指定形状、文字对象的颜色。使用时，需要写明要修改的对象名称和红、绿、蓝3种颜色的数值，数值有效范围是0~255
重复执行 10 次	该指令用于将某段程序重复执行指定次数。属于循环结构中的指令

项目3　环境光照强度控制星星闪烁

根据环境的亮度情况模拟星空。环境亮，不显示星星；环境暗，星星不断闪烁。

编写程序

这里需要根据当前环境光照强度进行判断，在项目1中我们已经知道环境越亮，环境光照强度的数值越大，也就是说如果环境光照强度数值大于某数值，那么不显示星星，即底层矩形显示黑色，否则星星闪烁。用图5-25所示的指令来完成程序。并将程序放进循环执行指令里。完整程序如图5-26所示。

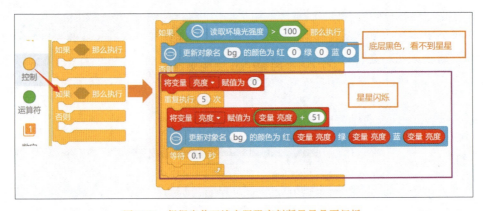

图5-25 根据当前环境光照强度判断星星是否闪烁

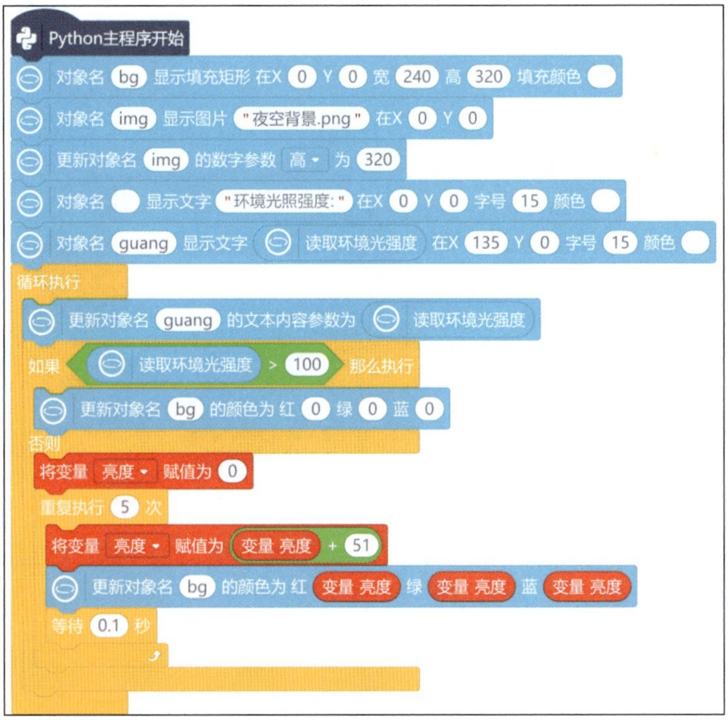

图5-26　环境光照强度控制星星闪烁的程序

运行程序

运行程序，在行空板屏幕上显示环境光照强度。当环境较亮时，看不到星星；用手指遮住光照传感器，模拟较暗环境，可以看到星星不断闪烁，操作如图 5-27 所示。

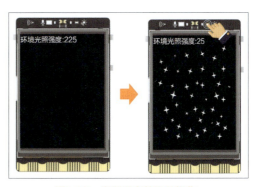

图5-27　实景星空效果及操作

拓展项目　寻找黑猫小游戏

漆黑的房间里有一只黑色的小猫，你能找到它在哪里吗？尝试结合本课知识，以素材文件夹中的"隐藏黑猫图片.png"为背景，设计一个寻找黑猫的小游戏，效果如图 5-28 所示。

拓展项目程序如图 5-29 所示。

图5-28　寻找黑猫游戏效果

提示: 利用光照传感器来控制背景亮度, 若环境亮, 只显示一双猫的眼睛; 若环境暗(比如用手指遮住光照传感器) , 房间里的黑猫立马就显示出来了。

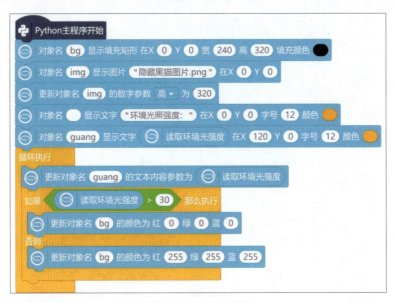

图5-29　拓展项目程序

第6课　健身打卡追踪器

　　众所周知，经常健身可以塑形，保持身体健康。在众多健身方式中，跑步作为一种既简单又有效的健身方式，深受人们喜爱。然而，健身最难的是坚持，本课我们就使用行空板制作一个健身打卡追踪器，设定一个目标，用行空板来记录跑步情况，效果如图6-1所示。

图6-1　健身打卡追踪器效果

项目1　读取加速度传感器

　　行空板背面自带一个加速度传感器（见图6-2右侧），它可以读取加速度数值。本项目将读取加速度的强度值，显示在屏幕上（见图6-2左侧）。

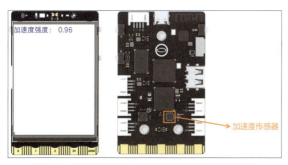

图6-2　利用加速度传感器显示实时加速度强度

注意： 本课的材料清单、连接硬件和准备软件部分与第1课相同，这里不再赘述。

编写程序

通过读取加速度的值指令获取加速度传感器的数值。如图 6-3 所示，在指令区"行空板"分类下的"板载传感器"里寻找该指令。拖出该指令后，单击下拉框，切换"x"为"强度"。

图6-3　找到并修改读取加速度的值指令

将实时加速度强度显示在行空板屏幕上，程序如图 6-4 所示。

图6-4　显示实时加速度强度的程序

运行程序

运行程序，在行空板屏幕上会显示实时的加速度强度。行空板静止时，数据为 1 左右，且不会有太大的变化；晃动行空板时，数据会大于 1，操作及效果如图 6-5 所示。

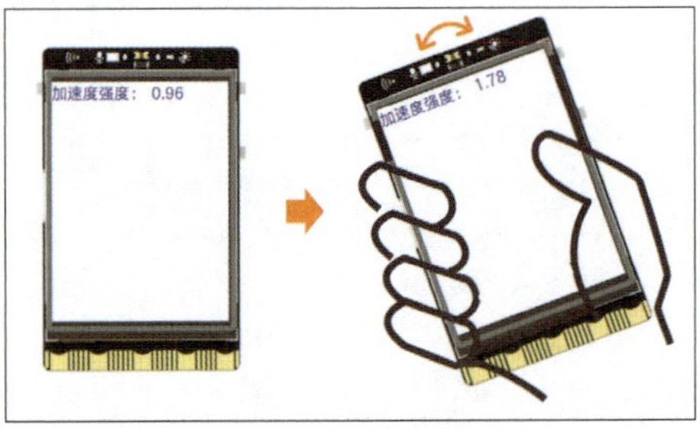

编程知识

● 指令回顾

图6-5　显示加速度强度操作及效果

接下来，我们对项目 1 所使用的指令进行回顾，见表 6-1。

表 6-1　项目 1 指令

指令	说明
 读取加速度的值 x	该指令用于获得加速度传感器的数值，在下拉菜单中可以选择"x""y""z"或"强度"

硬件知识

● 行空板的加速度传感器

1. 什么是加速度

加速度是描述物体速度变化快慢的物理量。

牛顿第一定律告诉我们，物体如果没有受到力的作用，运动状态不发生改变。由此可知，力是物体运动状态发生改变的原因，也是产生加速度的原因。

通过测量重力引起的加速度，可以计算出设备相对于水平面的倾斜角度。通过分析动态加速度，可以分析出设备移动的方式。为了测量并计算这些物理量，加速度传感器便产生了。

加速度传感器是一种能够测量加速力，并将该信号转换为电信号的电子设备。加速力就是物体在加速过程中作用在物体上的力，比如物体下坠时，受到重力作用。

2. 认识加速度传感器

行空板上的加速度传感器是一个 3 轴加速度传感器，它可以测量 X、Y、Z 这 3 个方向的加速度。如图 6-6 所示，当行空板屏幕向上水平放置时，X 轴正方向为金手指一侧的方向，Y 轴正方向为 HOME 键一侧的方向，Z 轴垂直于行空板，正方向为屏幕背面一侧的方向。

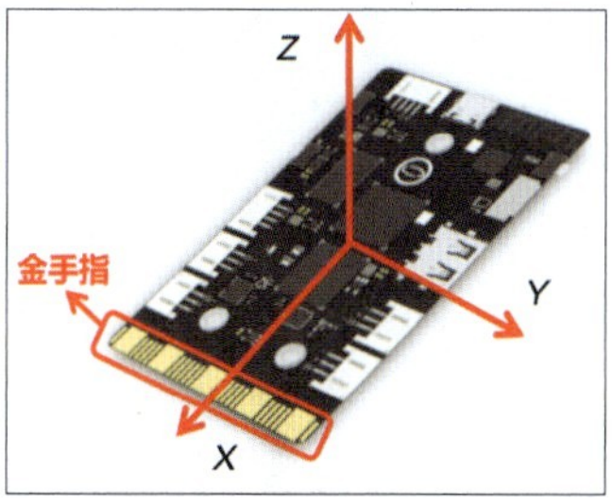

在 Mind+ 中，通过读取加速度的值指令来获得加速度传感器的数值。指令下拉菜单中的"强度"，表示的是 X、Y、Z 这 3 轴加速度数值的平方和再开方的结果（见图 6-7）。

加速度传感器的具体数值变化，是以重力加速度为参考的。以 X 轴加速度为例，我们将 X 轴加速度数值显示在行空板屏幕上，观察数值变化。

当行空板竖立放在桌面上时，X 轴方向上只受到竖直向下的重力影响。如图 6-8 所示，金手指朝下（行空板竖直）时，数值接近于 1；金手指朝上（行空板倒立）时，数值接近于 −1。

图6-6　行空板加速度传感器的方向示意

图6-7　加速度强度计算公式

图6-8　竖直和倒立姿态时 X 轴加速度数值

当行空板水平放在桌面上时，由于 X 轴方向没有受重力加速度的影响，数值接近于 0（见图 6-9）。

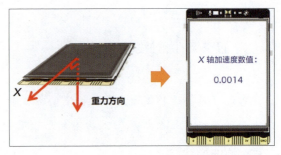

图6-9　水平姿态时 X 轴加速度数值

项目 2　显示运动步数

在行空板屏幕上显示运动步数，效果如图 6-10 所示。

编写程序

你一定听说过微信运动里的计步功能，它是通过检测手机的晃动来完成计步的，行空板计步原理与之相似，可以通过检测行空板的晃动实现计步。

这里将加速度的强度值是否大于 1.5 作为判断依据。如果强度值大于 1.5，则步数加 1，程序如图 6-11 所示。

建立变量"实际步数"，将变量初始值设为 0。只要判断晃动条件成立，变量增加 1 并显示出来，晃动增加步数程序如图 6-12 所示。

使用图 6-13 所示的指令来显示步数，使用时修改对应内容。

在步数上方加一行文字说明，结合更新对象的基准点指令，完成坐标设置，显示运动步数程序如图 6-14 所示。

图6-10　显示运动步数效果

图6-11　计步判断条件

图6-12　晃动增加步数程序

图6-13　显示仿数码管字体指令

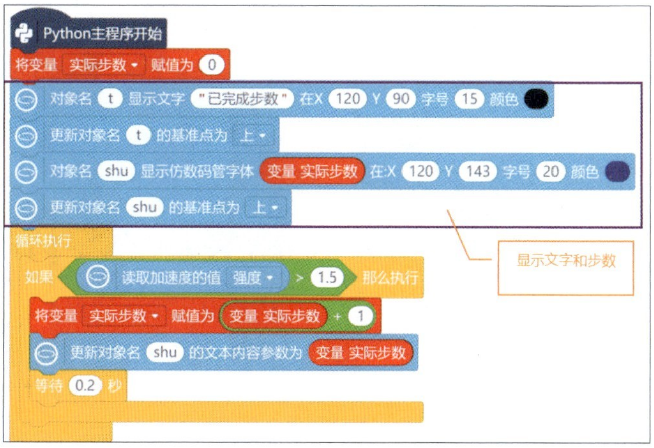

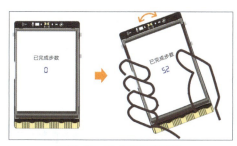

图6-14 显示运动步数程序

运行程序

运行程序，在行空板屏幕上会显示步数。初始步数为0，晃动行空板，步数逐渐增加。计步操作和效果如图6-15所示。

编程知识

● 行空板基准点

什么是基准点呢？前面说过，行空板屏幕上显示的文字、图片等统一称为组件。显示组件时，需要用坐标来确认位置，这个位置就是组件的"基准点"。

行空板一共设定了9个基准点，分别为上、下、左、右、中心、左上、左下、右上、右下。如果要在行空板屏幕的中间位置（120，160）显示一张图片，根据基准点的不同，会出现图6-16所示的9种情况。

行空板上的文字、图片、按钮等可以修改基准点，而矩形、圆形、线段等形状是不可以修改基准点的（见图6-17）。

图6-15 计步操作和效果

图6-16 行空板显示图片的基准点

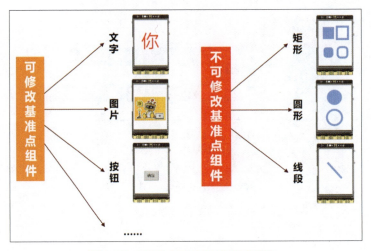

图6-17　可修改与不可修改基准点组件

● 指令回顾

接下来，我们对项目 2 所使用的指令进行回顾，见表 6-2。

表6-2　项目 2 指令

指令	说明
更新对象名 ⬤ 的基准点为 中心▾	该指令用于修改指定对象的基准点。使用时，需要写明要修改的对象名称
对象名 ⬤ 显示仿数码管字体 "1234" 在X 0 Y 0 字号 20 颜色 ⬤	该指令用于在行空板上显示一串仿数码管字体，在指令中可以设置数字等内容，同时可对内容的位置、字号及颜色进行调整

项目3　显示进度条

跑步时晃动行空板，在行空板屏幕上显示步数和进度条，效果如图 6-18 所示。

编写程序

为了更好地显示步数情况，可以设定目标步数，通过进度条表示完成进度。如图 6-19 所示，进度条由矩形外框和实心进度条构成，矩形外框的宽度表示目标步数，实心进度条的宽度表示实际步数。

图6-18　显示步数和进度条效果

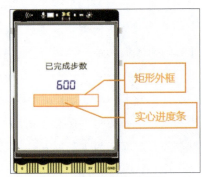

矩形外框

实心进度条

图6-19　显示进度条分析

在设置坐标时，注意矩形外框和实心进度条的坐标要一致。如图 6-20 所示，设定矩形外框的宽度为 160。

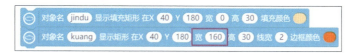

图6-20　设置矩形外框和实心进度条指令

当步数增加时，实心进度条的宽度会增加，直到达到目标步数。

假设目标步数为 1000，当实际步数为 100 时，实心进度条的宽度为 100/1000×160 =16。所以，当实际步数为变量"实际步数"时，实心进度条的宽度为变量"实际步数"/1000×160，程序如图 6-21 所示。

图6-21　进度条根据实际步数变化的程序

如果实际步数超过了目标步数，实心进度条就会像图 6-22 所示一样超出矩形外框。

此时，可以判断目标步数和实际步数的关系，如果实际步数超过 1000（目标步数），就将实心进度条宽度固定为 160，显示进度条程序如图 6-23 所示。

图6-22　进度条超出矩形外框

图6-23　显示进度条程序

运行程序

运行程序，在行空板屏幕上会显示步数和进度条。初始步数为 0，晃动行空板，步数逐渐增加，进度条也随之改变。计步操作和进度条变化效果如图 6-24 所示。

图6-24　计步操作和进度条变化效果

挑战自我

尝试丰富健身打卡追踪器的页面和功能。比如，为健身打卡追踪器添加背景，让它更好看；增加目标步数设定按钮，灵活修改目标步数，效果如图 6-25 所示。

挑战自我程序如图 6-26 所示。

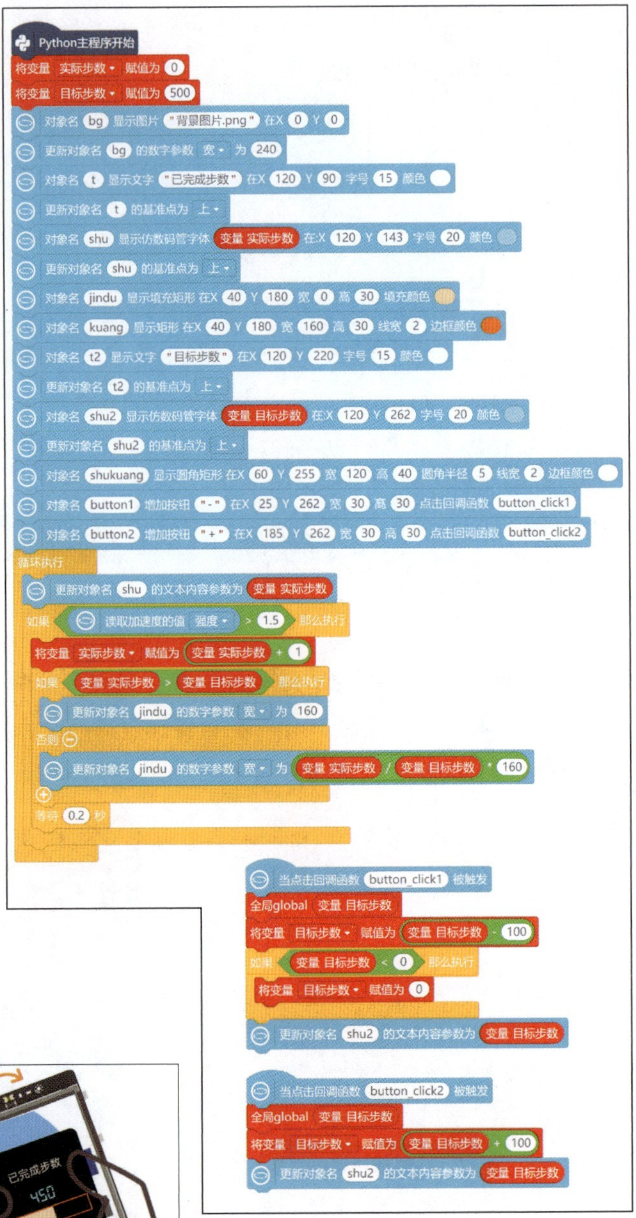

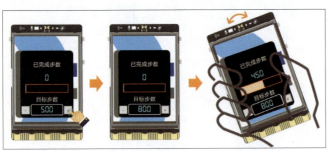

图6-25　挑战自我效果

图6-26　挑战自我程序

拓展项目　小球移动游戏

尝试设计一个小球移动游戏。小球位于屏幕上、下、左、右任意一个位置，通过转动行空板，控制小球移动。当小球位于最右边时，就需要向左转动行空板，控制小球向左移动（见图6-27）。最终，小球移到屏幕中间的橙色圆圈内，游戏胜利。

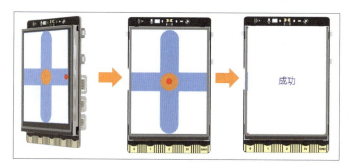

图6-27　小球移动游戏效果

提示：实现小球随机出现要使用到取随机数指令（见图6-28），它在"数字"分类下，你可以将随机数范围修改为1~4。

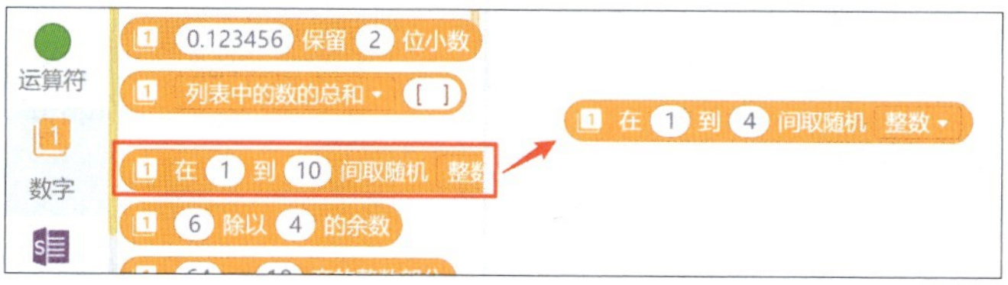

图6-28　取随机数指令

将小球的4个位置坐标分别与1~4对应，获取随机位置的程序如图6-29所示。

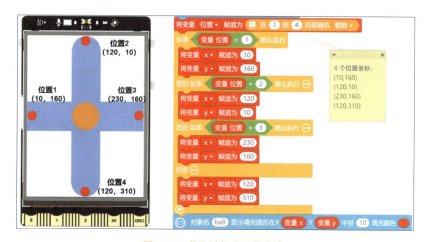

图6-29　获取随机位置的程序

第7课 模拟肺活量测量仪

肺活量测量是用来检测心肺功能的项目，测量的时候通常要求人深吸一口气，然后对着呼气口吹气，通过检测呼出气体的体积反映心肺功能。本课我们就用行空板来模拟一个肺活量测量仪（见图7-1），一起来看看如何制作吧。

项目1 读取麦克风声音强度

在行空板屏幕上方左侧，有一个麦克风，它可以读取环境的声音强度，用来模拟读取肺活量数据。本项目将读取麦克风的数值，显示在屏幕上，效果如图7-2所示。

编写程序

通过读取麦克风声音强度指令读取麦克风的数值。在指令区"行空板"分类下的"板载传感器"里寻找该指令（见图7-3）。

拖出读取麦克风声音强度指令，嵌入显示文字指令中。为了获取实时数值，在循环执行里不断更新文字内容，程序如图7-4所示。

> 本课的材料清单、连接硬件和准备软件部分与第1课相同，这里不再赘述。

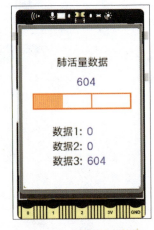

图7-1 肺活量测量仪效果

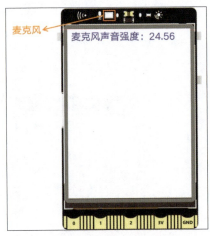

图7-2 显示麦克风声音强度

注：在肺活量测量过程中，测量者向仪器呼气时会产生声音，当呼气动作终止时，声音亦随之停止。基于此现象，本课项目利用行空板板载麦克风，通过监测声音强度来测定呼气时长，完成肺活量的模拟测量。值得注意的是，呼气时长与测量者的肺活量存在关联，但肺活量的测量不仅受呼气时长影响，专业设备还会综合考虑呼出气体流速等因素综合判定呼出气体量，从而进行更精确的检测。

图7-3　读取麦克风声音强度指令

图7-4　显示实时麦克风声音强度程序

运行程序

运行程序，在行空板屏幕上会显示实时的声音强度。尝试对着麦克风吹气，可以发现数值变大，效果如图 7-5 所示。

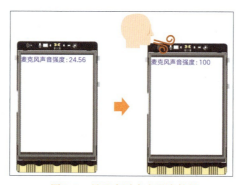

图7-5　显示实时声音强度效果

编程知识

● 指令回顾

接下来，我们对项目 1 所使用的指令进行回顾，见表 7-1。

表 7-1　项目 1 指令

指令	说明
读取麦克风声音强度	该指令用于获取麦克风读取的声音强度数值

硬件知识

● 行空板的麦克风

行空板自带的麦克风，可以读取环境的声音强度。声音强度是一个连续变化的数值，数值小，表示当前环境声音较小；数值大，表示当前环境声音较大。行空板的麦克风是电容硅麦克风，小巧且灵敏度较高，基本原理是将声音的振动转变为电信号。

在 Mind+ 中，通过读取麦克风声音强度指令（见图 7-6）来获得声音强度的数值，数值范围为 0~100。

注意： 麦克风读取数值的单位不是分贝，这个数值只能用来定性地比较声音大小，无法实现定量的物理测量。

图7-6　行空板板载麦克风位置及读取麦克风声音强度指令

项目2　设置蜂鸣器发声

在行空板背面有一个蜂鸣器，可以发出声音（见图7-7右侧）。本项目将使用蜂鸣器设置提示音，在提示音响起后，开始测量肺活量，效果如图7-7左侧所示。

图7-7　显示肺活量数据及蜂鸣器位置

编写程序

在指令区"行空板"分类下的"板载蜂鸣器"里寻找控制蜂鸣器的相关指令。这里使用按节拍播放音符指令设置提示音，如图7-8所示。

借助行空板自带的按键，实现按下A键，响起开始测量的提示音，程序如图7-9所示。

肺活量数据是通过人持续吹气获得的。在没有向麦克风吹气时，声音强度较小；吹气后，声音强度基本上在40以上。因此，我们可以通过判断声音强度是否高于40，判断是否在持续吹气。

使用变量"肺活量数据"来记录肺活量数据，实现过程为开始吹气后，变量持续增加，直到吹气停止。也就是说，可以通过重复执行直到指令控制变量"肺活量数据"持续增加，直到声音强度小于40，具体程序如图7-10所示。

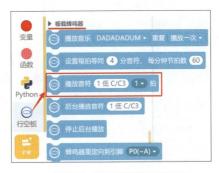

图7-8　按节拍播放音符指令

图7-9　按下A键响起提示音程序

注意： 重复执行直到指令是条件循环语句，它位于指令区的"控制"分类下。

图7-10　显示肺活量数据程序

按下 A 键开始肺活量测量程序如图 7-11 所示。

运行程序

运行程序，在行空板屏幕上会显示肺活量数据为 0，按下 A 键，提示音响起，开始对着行空板麦克风吹气，停止吹气后可以看到肺活量数据变大，效果如图 7-12 所示。

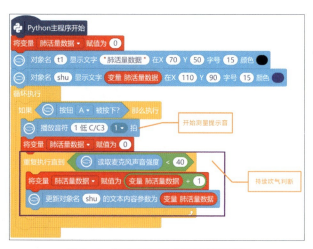

图7-11　按下A键开始肺活量测量程序

> **注意:** 这里的肺活量数据只是对肺活量测量过程的简单模拟，并不能真正用于测量肺活量。

编程知识

● 蜂鸣器指令

在按节拍播放音符指令的音符下拉框里，提供 3 个音区的音符（见图 7-13）。

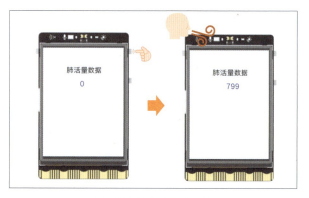

图7-12　肺活量测试效果

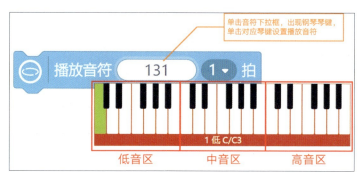

图7-13　设置播放音符

节拍下拉框里提供 8 种节拍，一般根据琴谱中的节拍进行选择，当然也可以根据自己的喜好来设置。以《小星星》琴谱（见图 7-14 左侧）为例，这首歌设定是 4/4 拍，意思是每小节有 4 拍，琴谱中每拍里面有 4 个音符，因此每个音符对应的节拍为 1/4 拍，在图 7-14 右侧所示的指令中选择 1/4 拍。

图7-14　选择播放节拍

● 条件循环结构

条件循环结构是循环结构的一种，根据判断条件是否成立来执行循环语句。

重复执行直到指令的执行过程是：先判断"直到"后面的条件是否成立，如果成立，就停止执行"重复执行"里的语句，否则一直循环执行"重复执行"里的语句。重复执行直到指令及执行流程如图 7-15 所示。

● 指令回顾

接下来，我们对项目 2 所使用的指令进行回顾，见表 7-2。

硬件知识

● 行空板的蜂鸣器

行空板之所以能发声，是因为背部板载了蜂鸣器（见图 7-16），简单地说，就是行空板板载了一个可以发声的电子元器件，给这个元器件写不同的程序，就可以控制它发出不同的声音。

为什么行空板上的蜂鸣器可以发出不同的音符，而有的蜂鸣器只能发出一种声音？其实蜂鸣器按驱动方式的原理分为有源蜂鸣器和无源蜂鸣器，下面一起来了解一下这两种蜂鸣器有

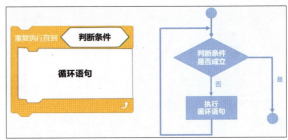

图7-15　重复执行直到指令及执行流程

表7-2　项目 2 指令

指令	说明
(播放音符键盘图；播放音符 1 低 C/C3 1/4 拍，节拍下拉菜单)	该指令用于控制蜂鸣器播放音符，音符分为低、中、高 3 个音区，共 36 种音符，同时还提供 8 种不同的节拍
重复执行直到	条件循环指令，根据判断条件是否成立，执行循环语句或跳出循环

什么区别。

有源蜂鸣器和无源蜂鸣器最根本的区别是输入信号的要求不一样，这里的"源"不是指电源，而是指振荡源。

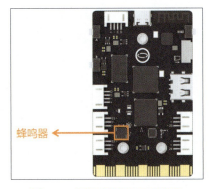

图7-16　行空板板载蜂鸣器位置

● 有源蜂鸣器

有源蜂鸣器内部带振荡源，只要一通电就会有声音输出，并且输出的声音是固定的，不能改变，其工作流程如图 7-17 所示。

● 无源蜂鸣器

无源蜂鸣器的内部没有振荡源，所以仅用直流信号是不能让它发出声音的，必须用方波信号去驱动振动装置，才能输出声音，其工作流程如图 7-18 所示。

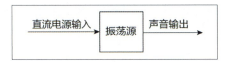

图7-17　有源蜂鸣器的工作流程

图7-18　无源蜂鸣器的工作流程

你知道什么是方波信号吗？

大家将直尺的一端用手固定在桌面上，然后用另一只手去拨动直尺的另一端（见图 7-19）。拨动过程中你会发现拨动的力度不一样，直尺的振动频率和发出

图7-19　拨动直尺模拟无源蜂鸣器产生声音

的声音也不一样。我们可以将拨动直尺的力度，理解为无源蜂鸣器中的方波信号输入。输入的方波信号不同，输出的声音也就不一样。

行空板上的是无源蜂鸣器，在按节拍播放音符指令中，选择不同的琴键，其实就是在给蜂鸣器设置不同的方波信号输入，所以蜂鸣器可以输出各种不同的音符。

挑战自我

尝试使用进度条来显示肺活量情况，并加入"达标线"，提示测试者是否达标，效果如图 7-20 所示。

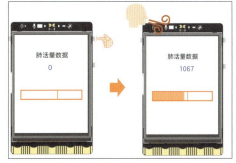

图7-20　加入进度条和达标线后的效果

提示：使用行空板显示线段指令（见图 7-21）来绘制达标线。

项目 2 程序如图 7-22 所示。

图7-21　显示线段指令

项目 3　存储数据到列表

多次测量肺活量后，在行空板屏幕上显示最后 3 个肺活量数据，效果如图 7-23 所示。

编写程序

● 记录数据

记录测试过的数据，可以使用列表来完成，相关指令在指令区"列表"分类下（见图 7-24）。

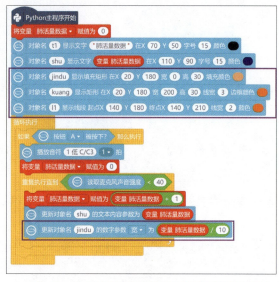

图7-22　加入进度条和达标线的肺活量测量仪程序

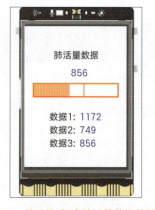

图7-23　显示最后3个肺活量数据效果

图7-24　"列表"分类下的部分指令

列表可以简单理解为"表格"。用列表记录数据，需要先建立一个空的列表，并将它赋值给变量。如图 7-25 所示，建立变量"数据表"，赋值为初始化列表 [ ]，记得删去列表中的内容。

图7-25　设置空的列表

然后，在肺活量数据测量完成之后，将肺活量数据加入列表。使用向列表加入数据的指令（见图7-26左侧）时，将变量"数据表"和变量"肺活量数据"分别填入即可（见图7-26右侧）。

图7-26　将肺活量数据加入列表

● 显示数据

创建 3 个对象显示肺活量数据，如图 7-27 所示。

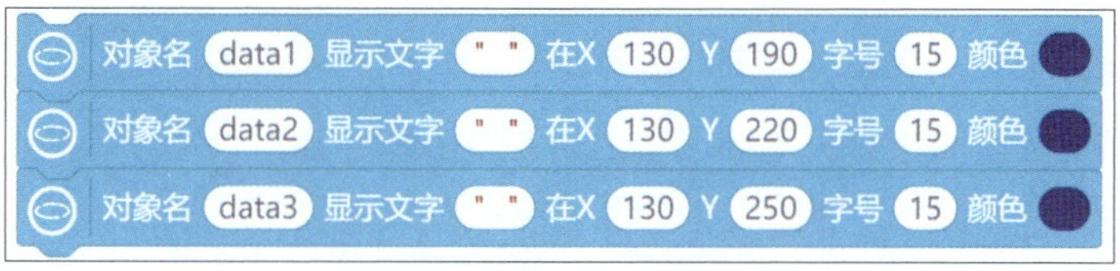

对象名 (data1) 显示文字 " " 在X (130) Y (190) 字号 (15) 颜色 ●
对象名 (data2) 显示文字 " " 在X (130) Y (220) 字号 (15) 颜色 ●
对象名 (data3) 显示文字 " " 在X (130) Y (250) 字号 (15) 颜色 ●

图7-27　创建3个对象显示数据

显示的数据内容，其实就是把列表里的数据取出来，要使用图 7-28 所示的指令来完成。需要说明的是，列表的索引对应列表的数据，其中第 1 个数据索引是 0。

显示测量数据，一共有 3 种情况，第 1 次测量只显示第 1 个数据，索引为 0；第 2 次测量显示前两个数据，索引分别为 0 和 1；3 次及以上的测量则显示最后 3 个数据。

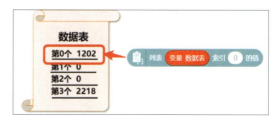

图7-28　用程序读取数据表的第1个元素

对于前两种情况，使用列表的长度指令，判断当前列表有几个数据，并对应更新列表数据内容。前两种情况对应的判断条件及数据处理方法如图 7-29 所示。

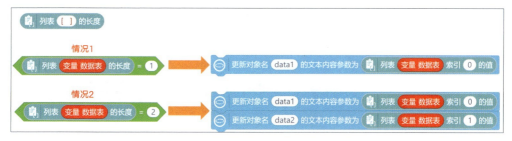

图7-29　前两种情况对应的判断条件及数据处理方法

对于第 3 种情况，显示列表的最后 3 个数据，这 3 个数据的索引分别是列表长度−3、列表长度−2、列表长度−1，可以使用列表的长度指令获取并更新数据显示对象。第 3 种情况的索引说明和处理程序如图 7-30 所示。

图 7-30　第 3 种情况的索引说明和处理程序

完善 3 种情况的数据显示，加上提示信息即可，程序如图 7-31 所示。

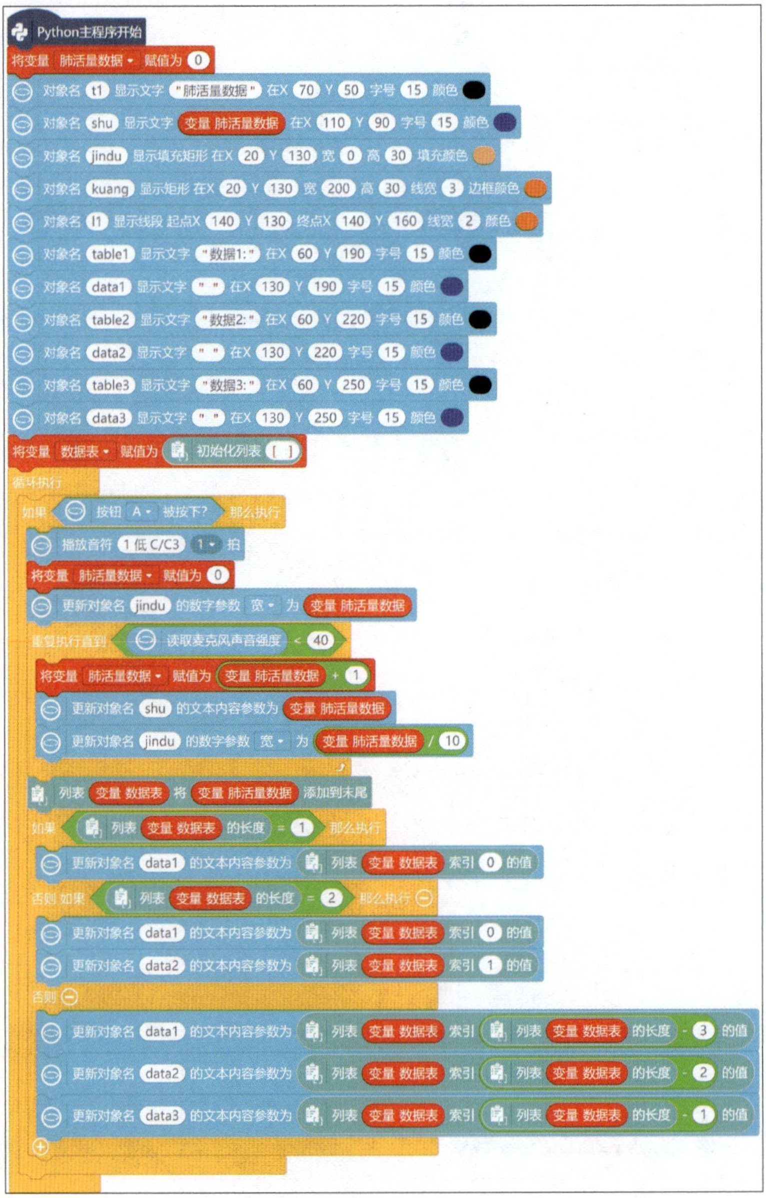

运行程序

运行程序，按下 A 键开始测量，对着行空板麦克风吹气，模拟肺活量的检测过程，同时进度条实时显示肺活量达标情况；多次测量肺活量后，会显示最后 3 个肺活量数据，效果如图 7-32 所示。

图 7-31　显示最后 3 个数据的肺活量测量仪程序

编程知识

● 列表

列表（List）是用来存储多个数据的数据类型，其中每个数据都有一个索引来表示它在列表中的位置。可以类比生活中的表格，对列表进行读取、添加、删除、修改等操作，但不同于表格的是，列表的第 1 个数据索引通常为 0。表格和列表对比如图 7-33 所示。

在 Python 中，列表的界定符为"[ ]"，里面什么都没有的列表叫作"空列表"；若有两个或以上的数据，数据之间需要用英文","隔开，如 [0, "Mind+", 12.5, " 行空板 "]。

另外，列表和数字都是 Python 中基础的数据类型，关于 Python 的其他基础数据类型，如字符串、字典等，我们将在后面的课程中介绍。

在指令区"列表"分类下找到操作列表的指令（见图 7-34）。尝试上网查询这些指令的含义和用法。

● 指令回顾

接下来，我们对项目 3 所使用的指令进行回顾，见表 7-3。

图7-32　完整功能的肺活量测量仪效果

表 格		列 表	
序号	内容	索引	数据
1	0	0	0
2	Mind+	1	"Mind+"
3	12.5	2	12.5
4	行空板	3	"行空板"

图7-33　表格和列表

图7-34　"列表"分类下的指令

表 7-3　项目 3 指令

指令	说明
初始化列表 ["Mind+", 0, 0]	该指令用于建立并初始化一个列表
列表 [ ] 的长度	该指令用于获取列表的长度，即列表中的数据数量
列表 [ ] 将 0 添加到末尾	该指令用于在列表的尾部添加数据
列表 [ ] 索引 0 的值	该指令用于获取列表第"索引"个数据。使用时需要写明列表和索引内容，其中索引 0 为第 1 个数据，索引不能超过列表长度

第8课　人体感应广告牌

户外电子广告牌为夜晚增添了色彩，但也给市民带来了困扰。昼夜长亮的广告牌不仅造成了夜间光污染，还浪费了宝贵的电资源……

我们能否设计一款感应式广告牌呢？使用传感器检测是否有行人，无人经过时，广告牌不工作；有人经过时，广告牌开始工作。这种感应式广告牌不仅节能省电，还能改善因广告牌滥用造成的光污染。

接下来，我们就使用人体红外热释电运动传感器（简称运动传感器）和行空板，制作一款人体感应广告牌吧（见图8-1）！

项目1　读取运动传感器

在行空板屏幕上显示运动传感器的数值，效果如图8-2所示。

图8-1　人体感应广告牌效果

连接硬件

● **硬件清单**

项目制作所需要的硬件见表8-1。

● **硬件接线**

将运动传感器用两头 PH2.0-3Pin 白色硅胶线连接到行空板的 P24 引脚（见图8-3），硬件连接成功后，使用 USB Type-C 接口数据线将行空板和计算机连接。

> **注意：** 本课准备软件部分与第1课相同，这里不再赘述。

图8-2　显示运动传感器数值

表 8-1　硬件清单

序号	元器件名称	数量
1	行空板	1 块
2	USB Type-C 接口数据线	1 根
3	运动传感器	1 块
4	两头 PH2.0-3Pin 白色硅胶线	1 根

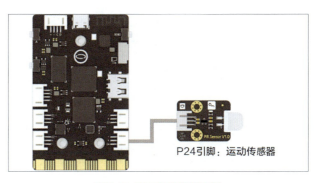

P24引脚：运动传感器

图8-3　项目硬件接线示意

编写程序

运动传感器可以检测运动的人或动物身上发出的红外线。

怎么读取运动传感器的数值呢？使用图 8-4 所示的读取数字引脚指令，运动传感器连接在行空板的 P24 引脚，所以设置引脚为 P24。

使用显示文字指令，将传感器数值显示在行空板上，程序如图 8-5 所示。

图8-4　读取数字引脚指令

图8-5　显示运动传感器实时数值程序

运行程序

运行程序，在行空板屏幕上会显示实时的运动传感器数值。如图 8-6 所示，当传感器检测到有人时，传感器上的蓝色指示灯亮起，行空板上显示数字 1；反之，传感器上的指示灯熄灭，行空板上显示数字 0。

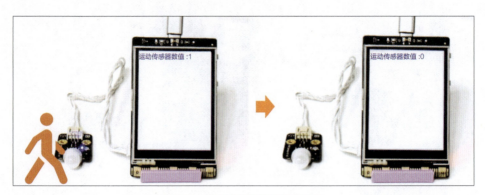

图8-6　显示运动传感器数值效果

编程知识

● 指令回顾

接下来，我们对项目 1 所使用的指令进行回顾，见表 8-2。

表 8-2　项目 1 指令

指令	说明
读取数字引脚 P24 ▾	该指令用于读取数字引脚的输入值

硬件知识

● 行空板的引脚

引脚是指从集成电路内部引出的与外围电路连接的接口，这里可以简单理解为：引脚是行空板与外部设备交互的接口，通过引脚可以读取外部传感器数据，也可以控制外部设备。行空板的引脚说明如图 8-7 所示。

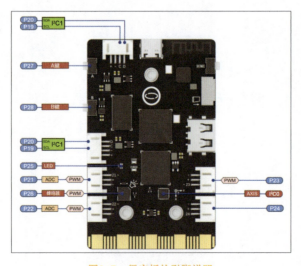

图8-7　行空板的引脚说明

行空板自带元器件和扩展接口的引脚见表 8-3。

表 8-3　行空板自带元器件和扩展接口引脚说明

自带元器件 / 扩展接口	引脚
LED	P25
蜂鸣器	P26
A 键	P27
B 键	P28
3 轴陀螺仪 / 3 轴加速度传感器	I^2C0
4Pin I^2C 接口 ×2	独立 I^2C 通道，不与板载 I^2C 元器件共用
3Pin I/O 接口 ×4	P21、P22、P23、P24

注意： 这里先初步了解行空板上的引脚，在使用到相应引脚时会进一步介绍。

● 数字输入

什么是数字输入？数字信号是指只有 0 或 1 的信号，行空板的输入一般是传感器，数字输入一般是指数值为数字信号（0 或 1）的传感器。

怎么分辨数字传感器呢？在传感器板子上会标有"D"和"A"的字样。其中，"D"代表"数字"，"A"代表"模拟"。标有"D"的传感器就为数字传感器（见图 8-8），标有"A"的传感器就为模拟传感器（见图 8-9）。

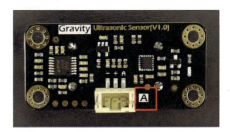

图8-8　数字传感器示例　　　　图8-9　模拟传感器示例

注意： 关于模拟传感器的知识，在使用到模拟传感器时会进行相关介绍。

在行空板上使用传感器时，需要注意什么呢？如图 8-10 所示，行空板上有 4 个 3Pin 的 I/O 接口，对应的引脚分别是 P21、P22、P23、P24，这 4 个引脚都可以用来连接数字传感器，但是只有 P21、P22 可以连接模拟传感器。

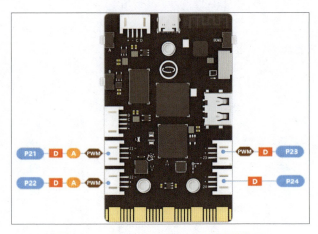

图8-10　4个3Pin的I/O接口对应引脚的说明

● 运动传感器

运动传感器，是一种能够检测人或动物发出的红外线，并输出数字信号（0 或 1）的传感器。在自然界，任何高于绝对零度（约为 −273.15℃）的物体都会辐射红外线。不同温度的物体，发出的红外线波长不同。

人体有恒定的体温，一般在 37℃左右，会发出 $10\mu m$ 左右的特定红外线，人体辐射的红外线聚集在运动传感器的探头上，通过电路的处理被转换为输出信号。

你知道为什么运动传感器的探头前面会加一个图 8-11 所示的菲涅耳透镜吗？我们可以将菲涅耳透镜理解为放大镜。不加菲涅耳透镜时，运动传感器的探测半径可能不足 2m，配上菲涅耳透镜则可达 7m，甚至更远。

当人体进入运动传感器的检测区域时，菲涅耳透镜对人体红外线进行聚焦，提高传感器检测的灵敏度。如图 8-12 所示，红外线通过菲涅耳透镜聚焦后，汇聚到热释电元件。此时热释电元件接收到的热量不同，就会输出不同的信号。这个信号被放大处理后，就转换为对应的数字信号 0 或 1。

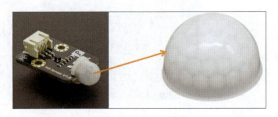

图8-11　运动传感器探头前的菲涅耳透镜

项目 2　人体感应切换图片

当运动传感器检测到有人时，在行空板屏幕上切换显示不同的广告图，否则屏幕熄灭，效果如图 8-13 所示。

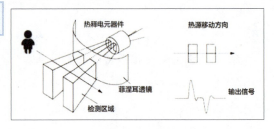

图8-12　菲涅耳透镜提高运动传感器灵敏度原理

编写程序

想一想，如何才能实现人体感应的广告牌呢？当运动传感器检测到有人时，广告牌自动播放广告图；没有人时，就停止播放。

先将本课素材文件夹中的广告图片加载到项目中，如图 8-14 所示。

使用显示图片指令，在行空板上显示图片，并使用更新数字参数指令，设置图片的宽为 240 像素，程序如图 8-15 所示。

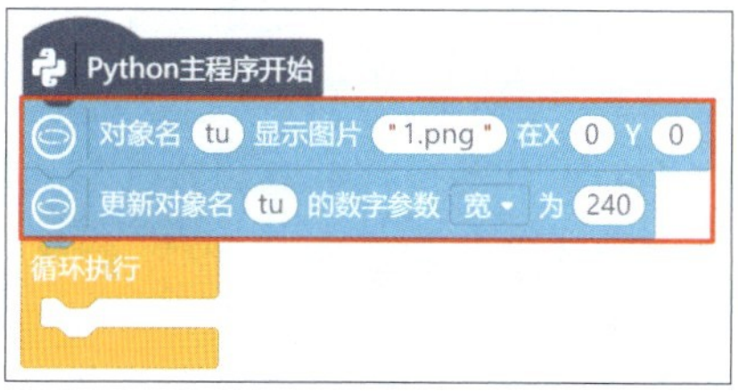

当检测到有人靠近广告牌时，使用如果……那么执行指令，判断表达式读取数字引脚 P24 的值等于 1 是否成立，如果成立，使用更新图片指令每隔 1.5s 更新一张图片，程序如图 8-16 所示。

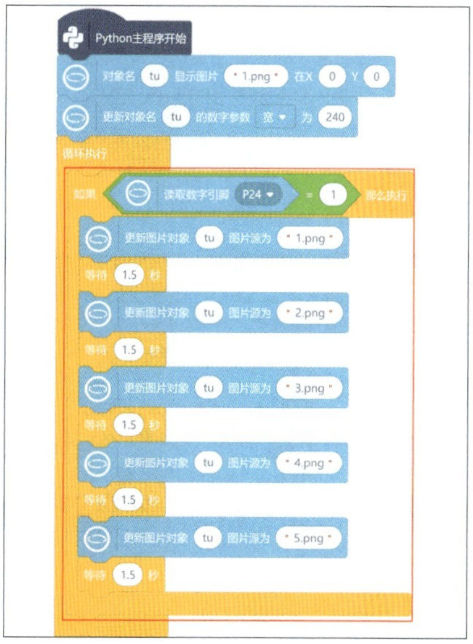

当检测到无人靠近广告牌时，使用如果……那么执行指令，判断表达式读取数字引脚 P24 的值等于 0 是否成立，如果成立，使用更新图片指令停止显示图片，程序如图 8-17 所示。

在图片很少的情况下，检测到有人时，可以使用这种方式进行广告图片的切换。假如需要导入的广告图片有 20 张，甚至更多，使用这种方式就不太合理了。能不能找到一种更为简单的方法来实现图片切换呢？

先来观察一下程序中的更新图片指令，除了图片源的图片名不一样，其他部分是一样的；并且图片名还是以"数字 +.png"的格式组成，所以可以使用合并指令将图片名合并，如图 8-18 所示。

图8-13　人体感应切换图片效果

图8-14　加载素材到项目文件中

图8-15　显示单张广告图程序

图8-16　感应到人时依次显示广告图程序

图8-17 停止显示广告图片程序

图8-18 合并指令

新建一个变量"图片名"，通过让变量"图片名"+1的方式来更改图片名，程序如图 8-19 所示。

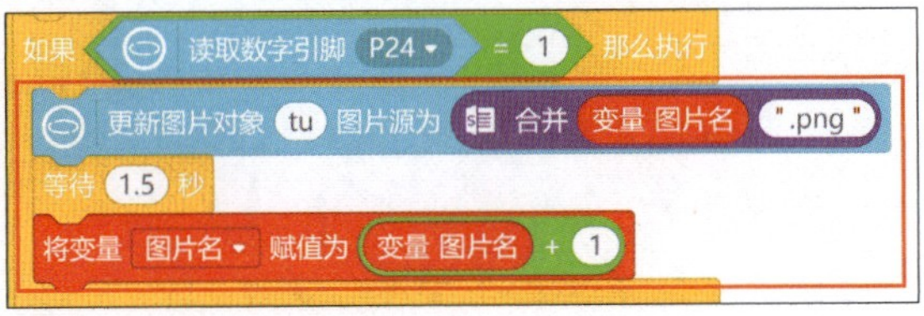

图8-19 通过变量更改图片名程序

运行程序后，发现当所有广告图播放完之后，运动传感器再次检测到有人靠近时，行空板屏幕上的广告图都消失了。

这是因为当运动传感器检测到有人时，变量"图片名"还在增加，但是文件系统中并没有"6.png"图片。因此，在条件判断外层再增加一个如果……那么执行指令，当变量"图片名"<6时，检测到有人则播放广告图；否则，将变量"图片名"设置为1。程序如图 8-20 所示。

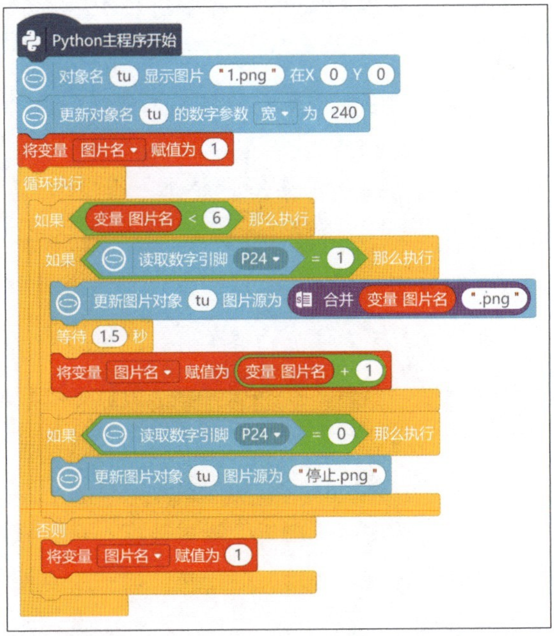

运行程序

运行程序，效果如图 8-21 所示，当运动传感器检测到有人时，行空板上自动播放广告图；当运动传感器检测到没有人时，行空板就暂停播放；再次检测到有人时，接着当前广告图继续播放。

图8-20 人体感应广告牌程序

图8-21 人体感应广告牌效果

编程知识

● 字符串

什么是字符串？字符串是一种数据类型，一般由数字、字母、下划线组成。Python 中用英文引号括起来的都是字符串，包括双引号""和单引号''。

数字 1 和字符串 "1" 有什么区别呢？数字 1 表示数字类型数据，可以加减乘除，而字符 "1" 表示文本类型数据，不能加减乘除，但可以和其他文本合并。

Python 中有 6 种标准的数据类型，分别是数字、字符串（文本）、列表、元组、字典、集合。图 8-22 展示了这 6 种数据类型的图形化指令所在的指令区位置。

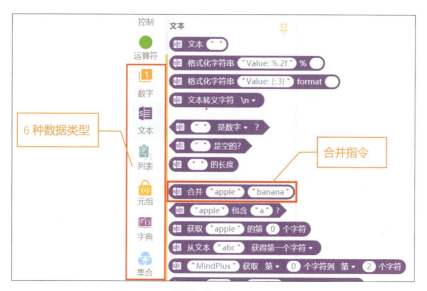

图8-22 6种数据类型的图形化指令位置

● 指令回顾

接下来，我们对项目 2 所使用的指令进行回顾，见表 8-4。

表 8-4 项目 2 指令

指令	说明
合并 "apple" "banana"	该指令用于合并两个及以上的字符串

拓展项目 感应灯

行空板背面自带一个 LED 指示灯，标志为"L"，与 P25 引脚相连。通过图 8-23 所示的指令，可以控制 LED 的亮灭。P25 引脚输出为高电平，可以点亮 LED；P25 引脚输出为低电平，可以熄灭 LED。

图8-23 行空板LED的位置及控制指令

尝试利用运动传感器控制行空板自带的 LED，做一个自动感应灯。当有人经过时，行空板的 LED 自动亮起；人一旦走开，LED 又自动关闭。程序如图 8-24 所示。

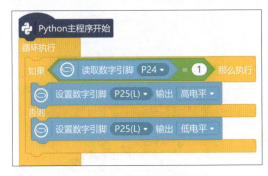

图8-24 自动感应灯程序

第9课　心情氛围灯

忧伤时，紫粉色的灯光围绕着我，犹如温暖的怀抱；开心时，橘黄色的灯光仿佛太阳光，温暖又舒适；家庭聚会时，开启灯光舞会模式，蓝色跑马灯诠释内心的雀跃；听歌时，变幻的流水灯，让人如同在现场看演唱会一般。

心情氛围灯已经超越了"灯"的概念，它不仅仅是照明工具，更是生活的调味品，为生活营造美好的氛围。同时，我们还可以根据不同的心情和场景，让它切换不同的灯光效果，这种体验真的太奇妙了！

接下来，我们一起使用行空板和 RGB 灯，制作一款可以根据心情和场景调节的心情氛围灯吧（见图9-1）！

图9-1　心情氛围灯效果

项目1　点亮 RGB 灯

点亮 RGB 灯的所有灯珠，效果如图 9-2 所示。

连接硬件

● 硬件清单

项目制作所需要的硬件见表9-1。

图9-2　点亮RGB灯

表 9-1　硬件清单

序号	元器件名称	数量
1	行空板	1 块
2	USB Type-C 接口数据线	1 根
3	WS2812 RGB 灯	1 个
4	两头 PH2.0-3Pin 白色硅胶线	1 根

硬件接线

将 RGB 灯的 IN 接口用两头 PH2.0-3Pin 白色硅胶线连接到行空板 P24 引脚（见图 9-3），硬件连接成功后，使用 USB Type-C 接口数据线将行空板连接到计算机。

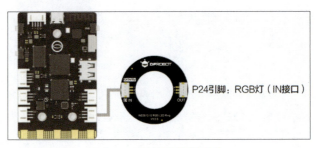

图9-3　项目硬件接线示意

> **注意:** 本课准备软件部分与第 1 课相同，这里不再赘述。

编写程序

WS2812 RGB 灯（简称 RGB 灯）上有 12 个灯珠，每个灯珠都可以显示多种颜色。

怎么点亮 RGB 灯呢？需要加载相关库，操作方法如图 9-4 所示，单击"扩展"，在"pinpong 库"中找到并单击加载"WS2812 RGB 灯"库。单击"返回"，在指令区看到 RGB 灯相关指令，表示加载成功。

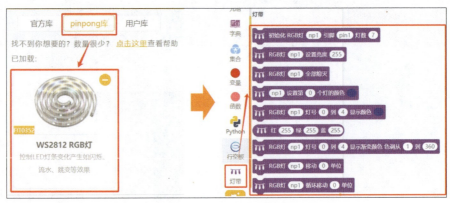

图9-4　加载RGB灯库

使用 RGB 灯时，必须先用图 9-5 所示的指令设置 RGB 灯引脚和灯数。

图9-5　初始化RGB灯指令

使用行空板引脚指令设置引脚，将该指令嵌入初始化 RGB 灯引脚指令中（见图 9-6）。因为 RGB 灯连接在行空板的 P24 引脚，所以选择 P24 引脚。因为 RGB 灯上有 12 个灯珠，所以设置灯数为 12。

图9-6　设置初始化RGB灯引脚指令

接下来，使用图 9-7 所示的指令点亮 RGB 灯。

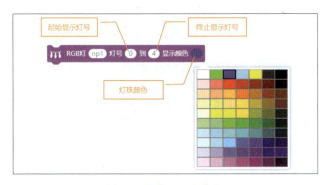

图9-7　点亮RGB灯指令

RGB 灯上共有 12 个灯珠，灯号为 0~11。与 IN 接口靠近的灯珠为 0 号（见图 9-8），按照逆时针方向排序。

点亮全部灯珠时，先设置起始显示灯号为 0，终止显示灯号为 11。然后设置灯珠颜色，比如设为红色。程序如图 9-9 所示。

图9-8　RGB灯的灯号

图9-9　点亮全部灯珠程序

运行程序

运行程序，RGB 灯的全部灯珠会显示红色，效果如图 9-10 所示。

编程知识

● 指令回顾

接下来，我们对项目 1 所使用的指令进行回顾，见表 9-2。

表 9-2　项目 1 指令

图9-10　点亮全部灯珠效果

指令	说明
行空板引脚 P24 ▾	该指令用于选择行空板上的引脚
初始化 RGB灯 "np1" 引脚 "pin1" 灯数 7	该指令用于初始化 RGB 灯的引脚与灯珠数
RGB灯 np1 灯号 0 到 4 显示颜色 	该指令用于设置 RGB 灯指定范围的灯珠显示指定颜色

硬件知识

● RGB灯

RGB 灯是由 RGB LED 组成的。

什么是 RGB LED 呢？RGB LED 其实是 LED 的一种，RGB 是 Red（红）、Green（绿）、Blue（蓝）的首字母，表示三原色。RGB LED 的内部构造如图 9-11 中间所示，每个灯珠中含有红、绿、蓝 3 种不同颜色的小灯珠各一个。当内部 3 个小灯珠以不同亮度搭配的时候，类似于将 3 种颜色以不同比例混合，最后呈现的就是混合后的灯光颜色。

图9-11　RGB灯珠内部构造及混色原理

使用图 9-12 所示的指令，可以控制 RGB 灯生成 0~255 的全部颜色，共 256×256×256=16777216 种颜色。

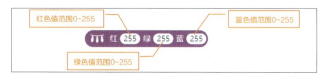

图9-12 红蓝绿调色指令

RGB 灯有两个接口，分别是 IN 接口和 OUT 接口。项目中行空板连接的是 IN 接口，用于控制 RGB 灯，OUT 接口用于 RGB 灯之间的级联。

什么是级联呢？多个 RGB 灯连接到一起就是级联，如图 9-13 所示，将第 1 个 RGB 灯的 OUT 接口与第 2 个 RGB 灯的 IN 接口连接起来。按照此种方式，可以连接多个 RGB 灯。在编程时，需要修改初始化 RGB 灯指令的灯数。

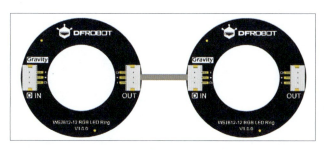

图9-13 两个RGB灯级联示意

项目 2 切换 RGB 灯颜色

行空板上显示不同表情，点击忧伤表情，RGB 灯显示紫粉色；点击开心表情，RGB 灯显示随机颜色。切换 RGB 灯颜色效果如图 9-14 所示。

编写程序

开始编写程序之前，先来分析一下这个任务主要实现哪些功能。首先，行空板上会显示心情氛围灯的控制界面，用到的对象及对应的坐标如图 9-15 所示。然后，点击界面上的忧伤和开心表情，控制 RGB 灯显示不同的颜色。

图9-14 切换RGB灯颜色效果

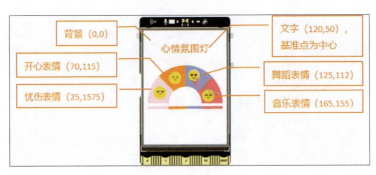

图9-15　控制界面分析

● 设计控制界面

首先将本课素材文件夹中的背景和表情图片加载到项目中，如图9-16所示。

图9-16　加载素材到项目中

使用显示图片指令，在行空板上显示背景与表情图片，根据上面分析的图片坐标，设置图片显示在对应的坐标处，程序如图9-17所示。

然后使用显示文字指令，在行空板上显示"心情氛围灯"，设置文字的基准点为中心，显示在背景图案的正上方，程序如图9-18所示。

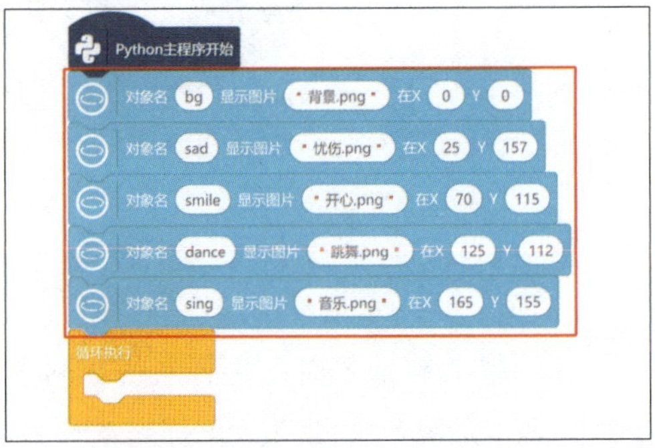

图9-17　控制界面图片显示程序

● 控制RGB灯

这个任务主要是实现点击忧伤和开心表情，控制 RGB 灯显示不同颜色。因此，使用创建点击回调函数指令与当点击回调函数被触发指令，为图片对象"sad"和"smile"增加点击回调函数，程序如图9-19所示。

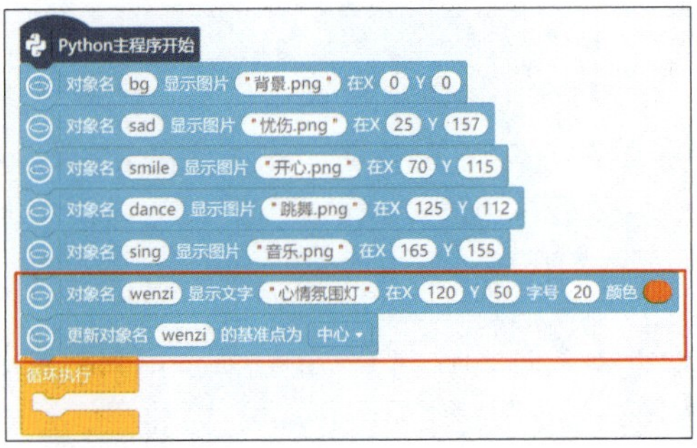

图9-18　控制界面标题显示程序

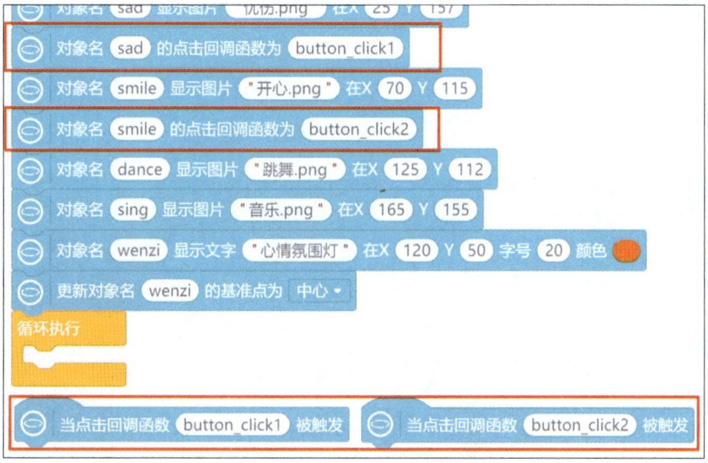

图9-19 设置忧伤和开心表情点击回调函数程序

为了让RGB灯显示随机颜色，使用红绿蓝调色指令结合数字类型中的取随机数指令，如图9-20所示。

图9-20 设置随机颜色

然后，将组合后的指令嵌入点亮RGB灯指令中，如图9-21所示。

图9-21 RGB灯显示随机颜色程序

最后，在主程序中，加入初始化RGB灯指令和RGB灯全部熄灭指令，在回调函数下，使用点亮RGB灯指令控制RGB灯显示不同的颜色，完整程序如图9-22所示。

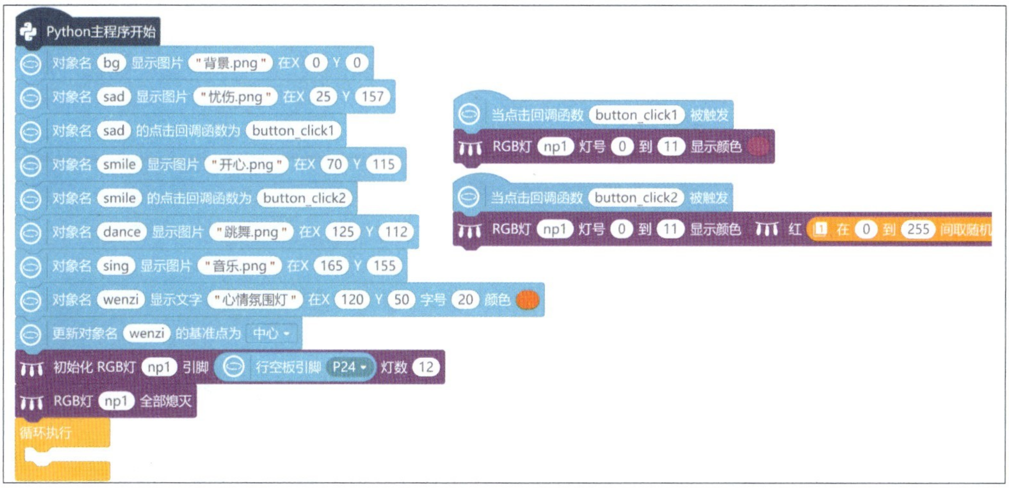

图9-22 点击忧伤和开心表情灯效程序

运行程序

运行程序，RGB 灯全部熄灭。点击忧伤表情，RGB 灯显示紫粉色（见图9-23 左侧）；点击开心表情，RGB 灯显示随机颜色（见图 9-23 右侧）。

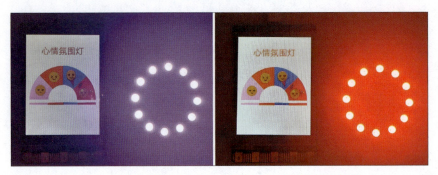

图9-23　点击忧伤（左）和开心表情（右）显示的灯光效果

编程知识

● 随机数

什么是随机数？随机数可以简单理解为随机的数字，是从一组可能的值中提取出来的，并且每个可能的值被提取的概率是一样的。举个例子，很多人玩过掷骰子的游戏，通过掷骰子的方式生成的点数，就是一个 1~6 的随机数。掷骰子对应的取随机数指令如图 9-24 所示。

图9-24　掷骰子对应的取随机数指令

使用取随机数指令，设置随机数的范围为 1~10，就如同一个有 10 个面的骰子，掷骰子生成的点数，就相当于这个指令生成的随机数。

● 指令回顾

接下来，我们对项目 2 所使用的指令进行回顾，见表 9-3。

表 9-3　项目 2 指令

指令	说明
1 在 1 到 10 间取随机 整数▾ ✓ 整数 小数	该指令用于获取范围内的随机整数或小数
红 255 绿 255 蓝 255	该指令用于通过 RGB 三原色调色原理，设置灯珠显示颜色

项目 3　切换 RGB 灯效果

继续完善心情氛围灯效果。点击舞蹈表情，RGB 灯显示蓝色跑马灯；点击音乐表情，RGB 灯显示彩色流水灯。切换 RGB 灯效果如图 9-25 所示。

图9-25　切换 RGB 灯效果

编写程序

先在上一个项目的基础上为舞蹈和音乐表情对应的对象增加点击回调函数，如图 9-26 所示。

图9-26　增加舞蹈和音乐表情对应对象的点击回调函数

● 跑马灯

什么是跑马灯呢？跑马灯是指点亮一个灯珠，然后按照灯珠序号点亮灯珠。

怎么点亮一个灯珠呢？使用图 9-27 所示的指令，点亮 RGB 灯上指定灯号的灯珠。

图9-27　点亮单个RGB灯指令

怎么按序号点亮灯珠呢？使用图 9-28 所示的指令，指令中需要设置移动单位，移动单位为 1 时，表示每次移动 1 个灯珠。举个例子，点亮 RGB 灯的 0 号灯，移动 1 个单位后，会点亮 RGB 灯的 1 号灯，0 号灯熄灭。

图9-28　移动点亮灯珠指令

RGB 灯上共有 12 个灯珠，移动一圈的话，可以结合重复执行几次指令，移动 12 次，程序如图 9-29 所示。

图9-29　点亮一圈灯珠程序

为了避免其他灯珠为点亮状态，使用 RGB 灯全部熄灭指令先熄灭 RGB 灯上的所有灯珠。在程序中加入延时指令，控制灯珠点亮得稍慢一些，跑马灯程序如图 9-30 所示。

图9-30　跑马灯程序

● **流水灯**

什么是流水灯呢？流水灯是指像流水一样依次移动每个灯珠。

为了让 RGB 灯显示彩色流水灯，使用 RGB 灯显示渐变颜色指令，设置 RGB 灯上的 12 个灯珠显示不同颜色。指令（见图 9-31）中需要设置起始显示灯号、终止显示灯号和色调范围。

然后，使用图 9-32 所示的指令，让 12 个灯珠循环点亮，就可以实现流水灯效果了。

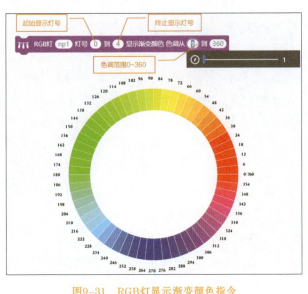

图9-31　RGB灯显示渐变颜色指令

同样可以结合重复执行几次指令，移动 12 次，流水灯程序如图 9-33 所示。心情氛围灯程序如图 9-34 所示。

图9-32　RGB灯循环移动指令

图9-33　流水灯程序

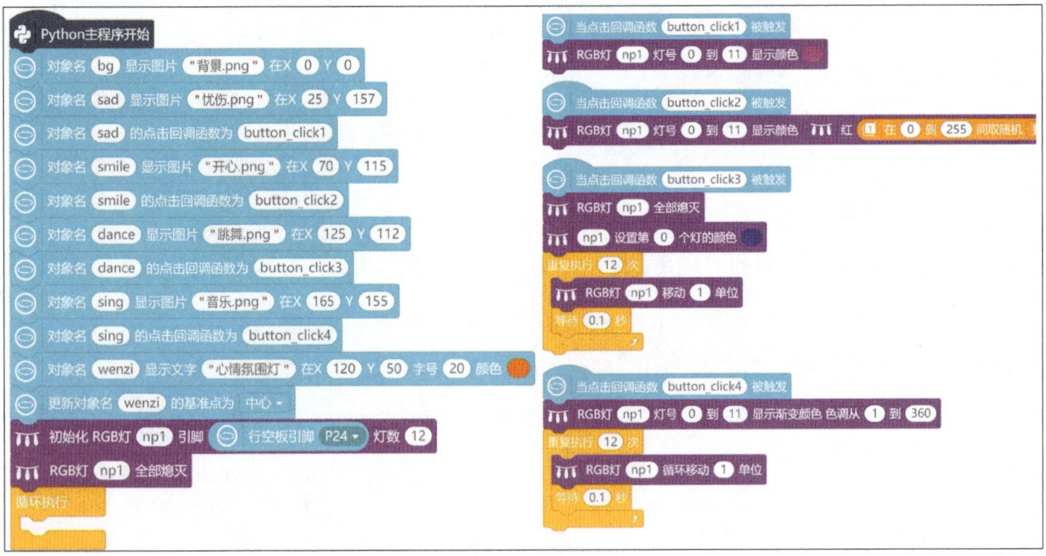

图9-34　心情氛围灯程序

运行程序

运行程序，RGB 灯全部熄灭。点击舞蹈表情，RGB 灯显示蓝色跑马灯（见图 9-35 左侧）；点击音乐表情，RGB 灯显示彩色流水灯（见图 9-35 右侧）。

图9-35　点击舞蹈（左）和音乐表情（右）显示的灯光效果

编程知识

○ 指令回顾

接下来，我们对项目 3 所使用的指令进行回顾，见表 9-4。

表9-4　项目 3 指令

指令	说明
np1 设置第 0 个灯的颜色	该指令用于设置 RGB 灯的某个灯珠显示指定颜色
RGB灯 np1 移动 0 单位	该指令用于控制灯珠移动指定单位，移动后，之前的灯珠会熄灭
RGB灯 np1 全部熄灭	该指令用于控制灯珠全部熄灭
RGB灯 np1 灯号 0 到 4 显示渐变颜色 色调从 1 到 360	该指令用于设置 RGB 灯指定范围内的灯珠显示渐变颜色
RGB灯 np1 循环移动 0 单位	该指令用于控制灯珠循环移动指定单位。移动后，之前的灯珠不会熄灭

第3章 物联网实践应用

　　智能交通、智能家居等主题的物联网应用正在影响着我们的生活，但物联网似乎很高深。物联网知识应该怎么学习？怎样才能快速动手搭建自己的物联网系统呢？本章我们将使用行空板自建物联网服务器，从数据上传、远程控制到物联网数据可视化，逐层递进学习物联网相关知识和技能，搭建物联网系统，体验物联网为我们工作生活提供的便利。

第 10 课 IoT 数据助手

学校体测时，体育老师是怎么记录数据的呢？老师一般有一个记录表，每次体测时，会将学生的体测数据填写到记录表中。这种传统手动记录数据的方式，不便于老师开展后续的统计工作。

行空板自带 SIoT 物联网服务器，如果能够使用行空板的物联网来记录类似于图 10-1 右侧所示的体测数据，老师只需要登录物联网平台就可以查看和下载数据了。接下来，让我们制作一款这样的 IoT 数据助手吧！

图10-1　物联网示意和肺活量测量仪

项目 1　发送 IoT 数据

行空板发送 IoT 数据"hello"，SIoT 平台存储并显示数据，如图 10-2 所示。

图10-2　SIoT平台存储数据

> **注意:** 本课的材料清单、连接硬件和准备软件部分与第 1 课相同,这里不再赘述。

准备软件

确认 Mind+ 支持可视化面板,设置编程方式为 Python 图形化编程模式,并完成行空板的加载和连接,具体操作步骤如图 10-3 所示。

> **注意:** 本课需要用 Mind+ V1.8.0 及以上版本。

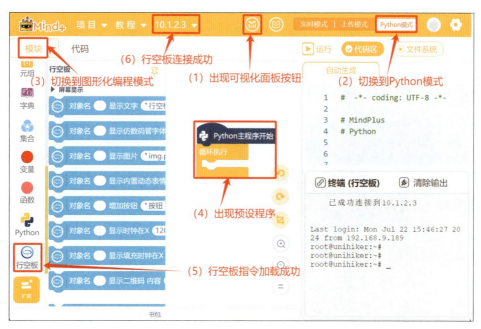

图10-3 软件准备操作步骤

创建主题

编写程序前,需要先在 SIoT 平台中创建主题,操作步骤如下。

1 确认行空板已连接到计算机,打开网页浏览器,输入"10.1.2.3",按 Enter 键进入网页。

② 在行空板网页菜单中，单击"应用开关"，确保 SIoT 为"●正在运行"。然后，单击 SIoT 下方的"打开页面"。首次进入 SIoT 页面，会出现登录界面。完成登录后，会弹出 SIoT 平台的数据管理页面。

③ 单击"新建主题（Topic）"，在弹出的小窗中，输入"肺活量"，单击"确定"。

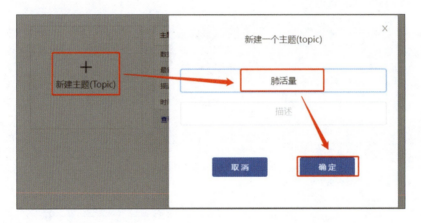

④ 创建"siot/肺活量"主题，双击复制主题名称，以便在程序中使用。

编写程序

● 添加MQTT-py库

怎么向 SIoT 平台发送数据呢？需要加载 MQTT-py 库，操作方法如图 10-4 所示。单击"扩展"，在"官方库"中找到并单击加载"MQTT-py"库。单击"返回"，在指令区看到 MQTT 相关指令，表示加载成功。

图10-4　添加MQTT-py库

● MQTT初始化

MQTT 指令添加完成后，按照"初始化 MQTT"→"发起连接"→"保持连接"→"订阅主题"的顺序编写程序。

首先，使用初始化 MQTT 指令，单击设置图标，将"SIoT 服务器"按图 10-5 所示程序修改为行空板连接计算机的默认 IP 地址"10.1.2.3"。

初始化设置完成后，MQTT 发起连接，连接成功后，需要保持连接，发起连接和保持连接程序如图 10-6 所示。

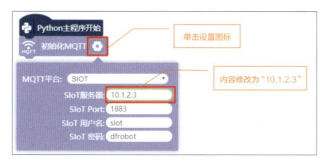

图10-5　初始化MQTT程序

图10-6　发起连接和保持连接程序

向 SIoT 平台发送数据，需要先订阅主题，使用图 10-7 所示的程序。需要特别说明的是，程序中填写的主题，要先在 SIoT 平台中完成创建。

● 行空板向 SIoT 平台发送数据

使用 MQTT 发布指令（见图 10-8）向 SIoT 平台发送数据。

每隔 5s，行空板向 SIoT 平台发送一条数据"hello"，程序如图 10-9 所示。

运行程序

运行程序，Mind+ 终端界面上显示"连接结果：连接成功"，如图 10-10 所示。

如何查看发送到 SIoT 平台的数据呢？可以回到 SIoT 的网页端，查看和保存数据，打开 SIoT 的网页端单击项目"siot/肺活量"标签上的"查看详情"，如图 10-11 所示。

弹出的窗口即为项目"siot/肺活量"的数据。单击勾选"自动刷新"，数据会实时刷新显示，如图 10-12 所示。单击"导出数据"，还可以将数据保存到本地。

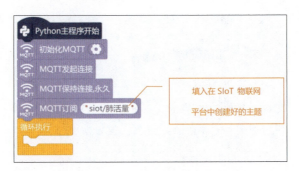

图10-7 订阅"siot/肺活量"主题程序

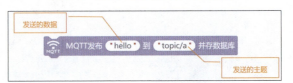

图10-8 MQTT发布指令

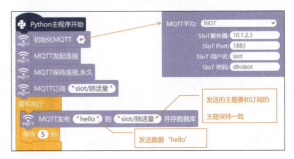

图10-9 每隔5s发送一条数据"hello"程序

图10-10 物联网平台连接成功提示

图10-11 单击"查看详情"

图10-12 实时刷新数据

编程知识

● 什么是物联网？

物联网是借助互联网、传统电信网等，让具有一定功能的设备实现互联互通的网络。在智能家居场景下（见图 10-13），通过房间里的无线网，将灯、风扇、摄像头等设备与手机相连，这就形成了物联网。

图10-13　智能家居场景

物联网的原理是什么呢？

一个完整的物联网系统包含 3 个部分，分别是服务器、智能终端和移动终端。以智能家居场景为例，我们可以通过手机控制和查看灯、电视机、摄像头这些设备的状态，手机就是物联网系统中的移动终端；而那些可以直接连接网络的灯、摄像头等设备就是物联网系统中的智能终端；另外，在物联网系统中，移动终端和智能终端之间不能直接传输数据，它们之间还需要一个枢纽，用来存储和收发数据，这就是服务器。智能家居场景下的物联网系统结构如图 10-14 所示。

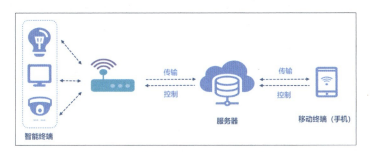

图10-14　智能家居场景下的物联网系统结构

行空板也可以构建这种有智能终端、移动终端、服务器的智能家居系统，其结构如图 10-15 所示，如果我们只有一块行空板，可以让这块行空板做智能终端，连接灯、风扇、摄像头等设备，使用行空板自带的 SIoT 平台做物联网服务器，我们的手机或者计算机做移动终端。

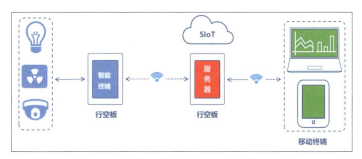

图10-15　行空板参与的智能家居物联网结构

需要说明的是，本课项目中的行空板既是智能终端又是服务器，而计算机则对应移动终端。其中计算机是使用数据线这种有线连接的方式（见图10-16），去查看服务器数据的。

● SIoT 物联网平台

物联网中的服务器是通过 IoT 平台实现的，常用的 IoT 平台有 Easy IoT、SIoT。要实现物联网中的设备通信，通常采用 HTTP 协议或者 MQTT 协议。本项目使用的是 SIoT 物联网平台，行空板与 SIoT 平台之间的通信采用 MQTT 协议。接下来，让我们一起来了解一下什么是 SIoT 平台，什么是 MQTT 协议吧！

图10-16　行空板与计算机有线连接

SIoT 是行空板自带的物联网服务器平台，其标志如图 10-17 所示，你可以通过有线或无线的形式快速创建本地物联网服务器。SIoT 重点关注物联网数据的收集和导出，是采集科学数据的选择之一。

图10-17　SIoT的标志

● MQTT协议

什么是 MQTT 协议？

MQTT 是一个基于客户端—服务器的信息发布/订阅传输协议。MQTT 协议是轻量、简单、开放和易于实现的，这些特点使它的适用范围非常广泛。

MQTT 协议在行空板与 SIoT 平台中起到什么作用呢？

我们可以将 MQTT 协议理解为行空板与 SIoT 平台通信的桥梁，在行空板和物联网 SIoT 平台通信过程中，MQTT 协议有 3 种身份：发布者、代理、订阅者。其中，信息的发布者和订阅者都是设备端（行空板），信息代理是服务器，信息发布者可以同时是订阅者。MQTT 工作原理如图 10-18 所示。

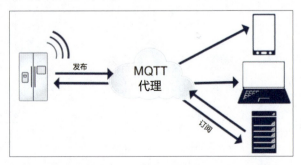

图10-18　MQTT工作原理

换种简单的理解方式，我们可以将这个信息代理理解为一个群，如果你想在这个群里发信息，首先你得进入这个群，而进群的方式就是 MQTT 协议。进群后，发信息的人就是发布者，群就是服务器，其他群成员就是订阅者，你发的信息自己也能看到，因此发布者也可以是订阅者。

● 指令回顾

接下来，我们对项目 1 所使用的指令进行回顾，见表 10-1。

表 10-1　项目 1 指令

指令	说明
初始化MQTT MQTT平台：SIOT SIoT服务器：192.168. SIoT Port：1883 SIoT 用户名：siot SIoT 密码：dfrobot	该指令用于初始化设置 MQTT，使用时需要单击设置图标，选择 MQTT 平台，写明服务器 IP、服务器端口号、用户名及密码
MQTT发起连接	该指令用于发起并建立 MQTT 连接
MQTT保持连接永久	该指令用于一直保持 MQTT 连接
MQTT订阅 "topic/a"	该指令用于订阅 MQTT 服务器的设备主题
MQTT发布 "hello" 到 "topic/a" 并存数据库	该指令用于向 MQTT 服务器的对应主题发送数据，并将数据保存到服务器的数据库

项目 2　接收 IoT 数据

在 SIoT 平台发送数据"你好，行空板"，行空板接收到 IoT 数据，并在终端窗口显示，效果如图 10-19 所示。

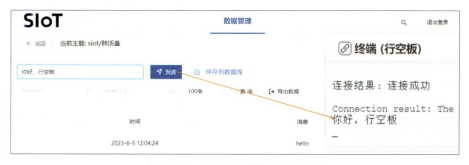

图10-19　SIoT发送并接收数据效果

编写程序

上一个项目学习了如何向 SIoT 平台发送数据，接下来，一起学习行空板如何接收 SIoT 平台的数据。这里需要用到接收 MQTT 信息指令，指令参数介绍如图 10-20 所示。

行空板接收到 SIoT 数据后，先要判断数据是否来自主题"siot/肺活量"。需要注意的是，MQTT 信息的数据类型为字符串，在进行信息判断时，需要将判断数据"siot/肺活量"放入英文状态下的引号内。

图10-20　接收MQTT信息指令介绍

MQTT 主题判断成功后，将接收到的 MQTT 信息在 Mind+ 终端中打印出来，接收并打印数据程序如图 10-21 所示。

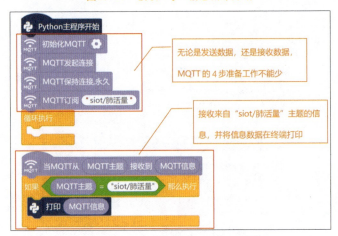

运行程序

运行程序，Mind+ 终端界面上显示图 10-22 所示的"连接结果：连接成功"。

在 SIoT 平台的信息内容框中输入"你好，行空板"，单击"发送"。Mind+ 终端打印接收到的信息数据"你好，行空板"，如图 10-23 所示。

图10-21　接收并打印数据程序

图10-22　物联网平台连接成功提示

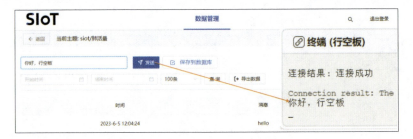

图10-23　接收并打印SIoT发送的数据

在 SIoT 平台单击勾选"保存到数据库"，发送信息后，就可以看到数据记录了，如图 10-24 所示。

图10-24　保存并查看发送数据记录

编程知识

● 指令回顾

接下来，我们对项目 2 所使用的指令进行回顾，见表 10-2。

表 10-2　项目 2 指令

指令	说明
当MQTT从　MQTT主题　接收到　MQTT信息	该指令用于接收 SIoT 平台的数据，指令中包含 MQTT 主题和 MQTT 信息

挑战自我

尝试将接收到的数据显示在行空板屏幕上，显示接收到的数据如图 10-25 所示。

图10-25　行空板屏幕显示接收到的数据

行空板屏幕显示接收数据程序如图 10-26 所示。

项目 3　肺活量数据助手

将检测到的肺活量数据，按照学号加肺活量数据的形式发送到 SIoT 平台，如图 10-27 所示。

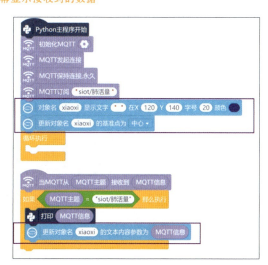

图10-26　行空板屏幕显示接收数据程序

图10-27　按学号加肺活量数据形式发送数据

编写程序

在第 7 课模拟肺活量测量仪中，我们完成了对肺活量数据的检测。接下来，我们就在第 7 课的基础上，添加选择学号和发送数据的功能，通过"+/—"按钮进行学号选择，按下 A 键开始检测肺活量，按下 B 键将数据发送到 SIoT 平台。

● **选择学号**

需要实现的功能：按下"+"按钮，学号加 1；按下"—"按钮，学号减 1。这个功能中用到的都是学习过的知识，这里就不做详细的讲解了。

● **发送数据**

按下 B 键，将数据发送到 SIoT 平台。判断 B 键是否被按下，使用当行空板按键 B 被按下指令；向 SIoT 平台发送数据，使用 MQTT 发布指令，程序如图 10-28 所示。

图10-28　构建并发送肺活量数据的程序

增加一个数据发送成功的反馈，数据发送成功后，蜂鸣器会响起，并将肺活量数据更新为 0，程序如图 10-29 所示。

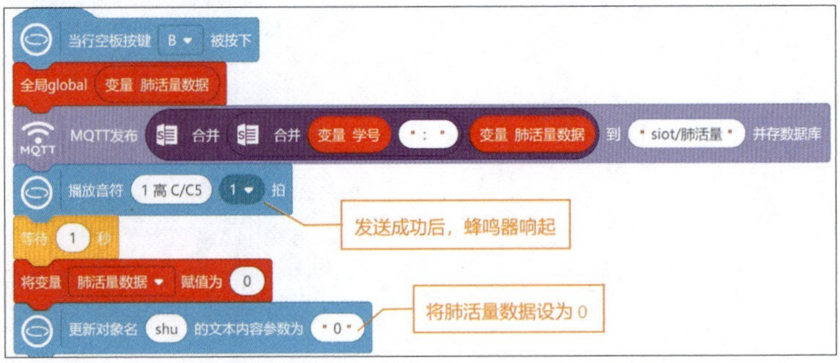

图10-29　提示音和数据归0操作程序

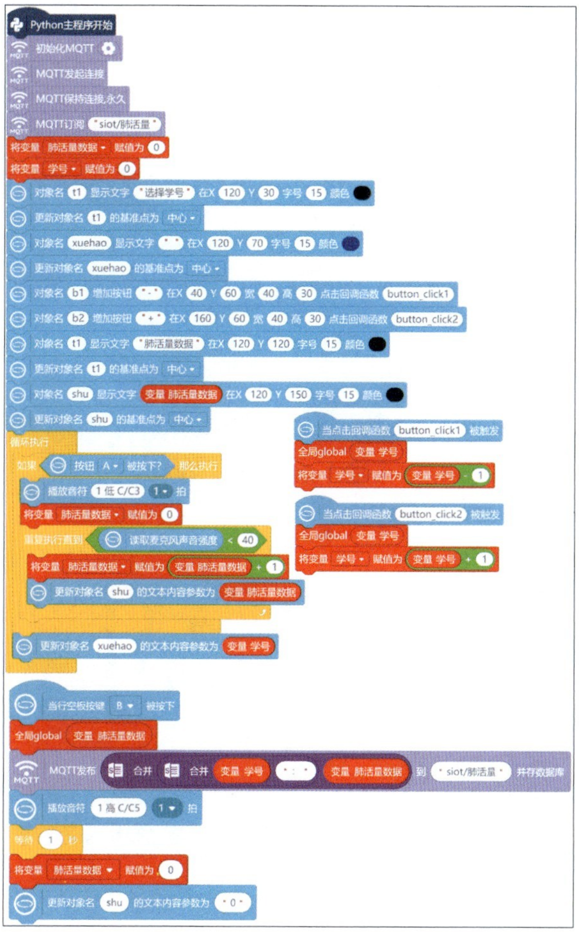

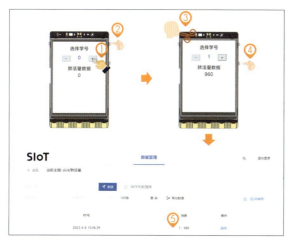

图10-30 实时上传班级肺活量数据程序

实时上传班级肺活量数量程序如图 10-30 所示。

运行程序

运行程序，Mind+ 终端界面上提示"连接结果：连接成功"（见图 10-31）。

图10-31 物联网平台连接成功提示

完整肺活量数据上传步骤如图 10-32 所示，点击行空板屏幕上的"+/—"按钮，选择对应的学号。然后按下 A 键，开始测量肺活量，测量结束后，按下 B 键，将带学号的肺活量数据发送到 SIoT 平台。

通过上面操作，就可以完成一次肺活量数据记录，继续重复操作，就可以记录多组不同学生的肺活量数据了，如图 10-33 所示。

时间	消息	操作
2023-6-6 14:44:58	3: 916	删除
2023-6-6 14:44:40	2: 767	删除
2023-6-6 14:44:19	1: 448	删除

图10-33 多组不同学生肺活量数据

图10-32 完整肺活量数据上传步骤

第11课 IoT 肺活量数据可视化报告

经过上一课的学习，我们已经可以把测量好的肺活量数据通过 SIoT 存储下来了，本课我们就对这些数据进行可视化处理，肺活量数据可视化报告效果如图 11-1 所示。

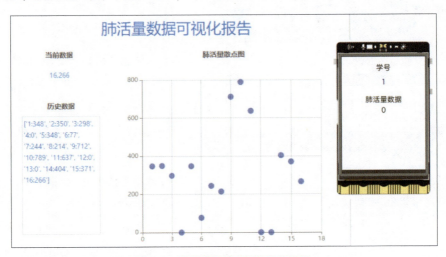

图11-1 肺活量数据可视化报告效果

项目1 可视化界面显示数据值

在 Mind+ 可视化界面显示行空板的麦克风声音强度，显示效果如图 11-2 所示。

图11-2 显示麦克风声音强度效果

注意：
（1）本课的材料清单、连接硬件和准备软件部分与第 1 课相同，这里不再赘述。
（2）本课需要用 Mind+ V1.8.0 及以上版本。
（3）有关 Mind+ 可视化面板的介绍，见本课附录。

创建主题

编写程序前，需要先在 SIoT 平台中创建主题"siot/肺活量"（见图 11-3）。创建方法参照第 10 课项目 1。

编写程序

使用物联网功能时，需要先加载 MQTT-py 库，具体操作如图 11-4 所示。

图11-3　在SIoT平台创建项目主题

图11-4　添加MQTT-py库

然后，按照"初始化 MQTT"→"发起连接"→"保持连接"→"订阅主题"的顺序编写程序。这里需要实现的功能是将麦克风声音强度发送到 SIoT 平台，程序如图 11-5 所示。

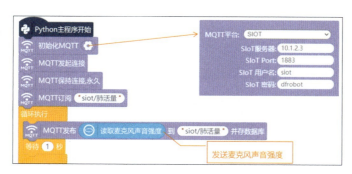

图11-5　上传麦克风声音强度程序

运行程序

运行程序，Mind+ 终端界面上提示"连接结果：连接成功"（见图 11-6）。

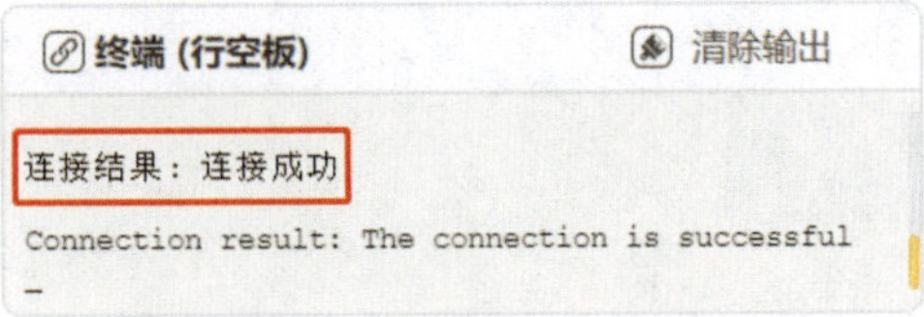

图11-6　物联网平台连接成功提示

设计可视化界面

单击 Mind+ 上方的可视化面板按钮，打开可视化面板窗口，如图 11-7 所示。

图11-7　打开可视化面板窗口

将鼠标指针移至"新建项目"处，按图 11-8 所示的步骤，依次操作，即单击"新建空白项目"，在弹出的窗口中填写好项目名称，单击"确定"，最后，在项目管理页面就会出现刚刚建好的项目了。

图11-8　创建可视化界面项目操作步骤

单击项目上的"编辑"，进入项目编辑界面。第一次进入时，会出现图 11-9 所示的画面，提示设置服务器地址，本项目服务器地址为"10.1.2.3"，单击"完成"。

界面显示"订阅成功！""连接成功"（见图 11-10），说明可视化面板已成功连

图11-9　首次进入时提示设置服务器地址

接 SIoT 服务器。此时，我们就可以开始设计界面了。

图11-10 服务器连接成功提示

用鼠标拖出"标签文字"组件，如图 11-11 所示。

单击这个组件，可视化面板右侧会显示其属性窗口，如图 11-12 所示。

在"Topic"属性中，选择"siot/ 肺活量"（见图 11-13），组件中的数值就会更新为实时的麦克风声音强度。尝试对着行空板的麦克风吹气，即可看到实时的数值变化。

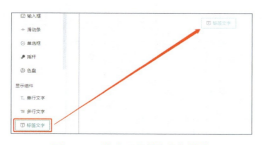

图11-11 拖出"标签文字"组件

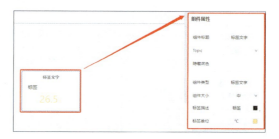

图11-12 组件属性窗口

图11-13 选择"siot/肺活量"

注意: 如果数值没有更新，检查程序是否已运行。在程序运行时，可视化面板才会同步更新数据。

图11-14 修改组件的其他属性

继续修改组件的其他属性，将"组件标题"改为"麦克风声音强度"，删除"标签描述"和"标签单位"的内容，如图 11-14 所示。

完成属性设置后，单击"全屏"，即可看到设计好的数据可视化界面，如图 11-15 所示。

图11-15　数据可视化界面

按 ESC 键或将鼠标移动到屏幕顶端，单击"编辑"，可以退出全屏，回到编辑界面。

保存可视化界面

单击项目名称下的"保存"（见图 11-16），保存可视化界面。这样即使我们关掉可视化面板，或者关掉 Mind+，也不会丢失可视化版本的设计数据。

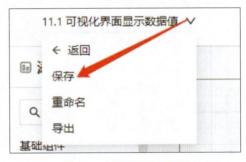

图11-16　保存可视化界面

注意:

（1）如果没有保存就关掉了可视化面板，设计数据不会自动保存。

（2）可视化面板中的项目不是存储在 .mp 程序文件中的，而是存储在 Mind+ 中。

（3）我们还可以导出设计好的项目文件到本地计算机上，下次需要使用时，在"项目管理"中，选择"导入本地项目"即可，操作如图 11-17 所示。

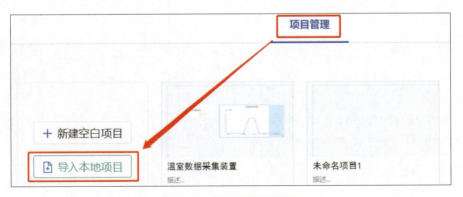

图11-17　导入本地项目操作

项目2　可视化界面显示折线图

在 Mind+ 可视化界面显示图 11-18 所示的麦克风声音强度折线图。

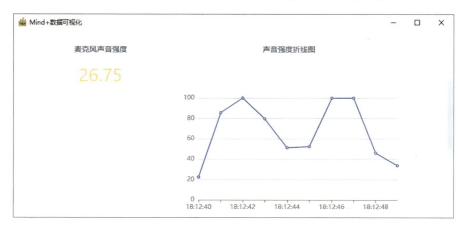

图11-18　麦克风声音强度折线图

修改可视化界面

除了显示数据值，可视化面板中还能显示各种图表，如折线图、柱状图、散点图、饼图等。让我们继续学习，在可视化界面上显示麦克风声音强度折线图。这里的程序和项目1相同，只需要修改可视化界面即可。

在项目1的基础上，修改可视化界面，用鼠标拖出"折线图"组件，如图 11-19 所示。

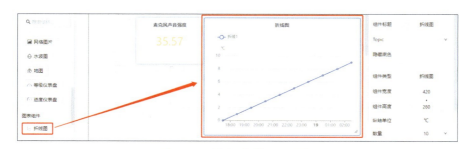

图11-19　拖出"折线图"组件

修改折线图的组件属性，如图 11-20 所示。

完成属性修改后，运行项目 1 程序，折线图就会自动更新。因为在程序中设置了每隔 1s 发送一次数据，所以折线图也会每隔 1s 更新一次。

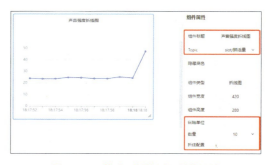

图11-20　修改"折线图"组件属性

项目 3　肺活量数据可视化报告

在行空板上按顺序显示学号，按下 A 键开始检测肺活量，将检测到的肺活量数据发送到 SIoT 平台。在 Mind+ 可视化界面显示当前接收的数据、历史数据（包括学号和肺活量），以及肺活量数据散点图，效果如图 11-1 所示。

创建主题

编写程序前，确保在 SIoT 平台中创建好主题"siot/ 数据表""siot/ 肺活量"，如图 11-21 所示。"siot/ 数据表"用来存储肺活量历史数据，"siot/ 肺活量"用来存储最新一组肺活量数据。

主题(topic):	siot/数据表	主题(topic):	siot/肺活量
数据总数	0	数据总数	0
最新数据		最新数据	
描述		描述	
时间	1970/1/1 08:00:00	时间	1970/1/1 08:00:00
查看详情　清空数据　删除		查看详情　清空数据　删除	

图11-21　肺活量数据可视化报告所需主题

设计可视化面板

单击 Mind+ 上方的可视化面板按钮，打开可视化面板窗口。新建项目"11.3 肺活量数据可视化报告"，如图 11-22 所示。

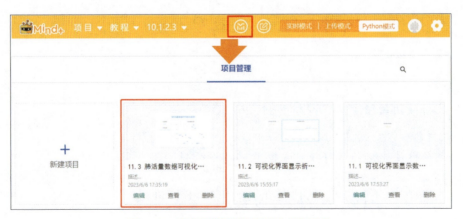

图11-22　新建肺活量数据可视化报告项目

先拖出"单行文字"组件，用来显示最新一组肺活量数据。参照图 11-23 修改当前数据组件属性。

　　继续拖出"多行文字"组件，用来显示肺活量历史数据。参照图 11-24 修改历史数据组件属性。

图11-23　修改当前数据组件属性

图11-24　修改历史数据组件属性

　　最后拖出"散点图"组件，每当接收到新的肺活量数据时，显示在散点图上。参照图 11-25 修改肺活量散点图组件属性。

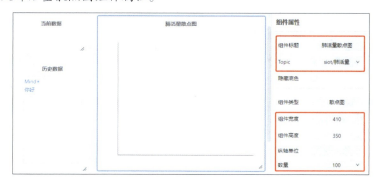

图11-25　修改肺活量散点图组件属性

　　需要注意，在散点图的组件属性提示框（见图 11-26）中，一般在组件属性窗口下，说明散点图的数据为一个坐标值 (X,Y)，所以在编写程序时，需要按照"学号,肺活量数据"的形式发送数据。

图11-26　散点图的组件属性提示框

编写程序

记录肺活量历史数据，可以使用"列表"来完成。建立变量"历史数据"，赋值为初始化列表 [ ]，如图 11-27 所示。

图11-27　初始化变量"历史数据"为空列表

在肺活量数据测量完成之后，用学号和肺活量数据构建数据并加入列表，如图 11-28 所示。

图11-28　构建肺活量数据并加入列表

参照第 10 课项目 3，完成行空板界面设计，界面设计程序如图 11-29 所示，显示学号和肺活量数据。

图11-29　行空板界面设计程序

为了简化程序，这里默认学号从 1 开始计数，首次按下 A 键，开始检测肺活量，将检测到的肺活量数据发送到 SIoT 平台，再次按下 A 键时，学号自动加 1。上传肺活量数据程序如图 11-30 所示。

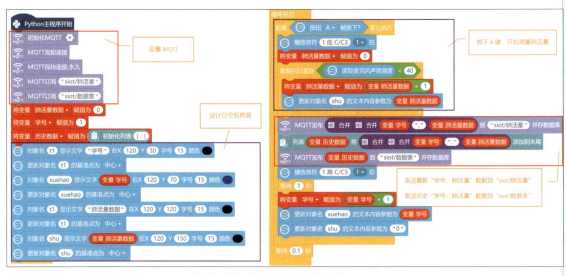

图11-30　上传肺活量数据程序

运行程序

运行程序，Mind+ 终端界面上提示"连接结果：连接成功"，如图 11-31 所示。

图11-31　物联网平台连接成功提示

在行空板屏幕上会显示学号为 1、肺活量数据为 0，行空板显示效果如图 11-32 所示。

打开数据可视化界面，按下 A 键，测量学号为 1 的学生的肺活量，测量完成后，会在可视化界面显示第 1 组数据，如图 11-33 所示。

图11-32　行空板显示效果

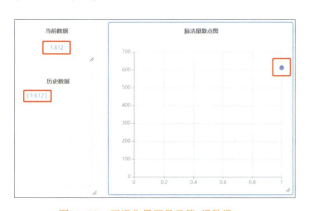

图11-33　可视化界面显示第1组数据

继续按下 A 键，测量学号为 2 的学生的肺活量，以此类推，就可以在可视化界面显示多个肺活量数据了。

挑战自我

尝试完善可视化界面，为项目加上标题和背景，肺活量数据可视化报告如图11-34所示。

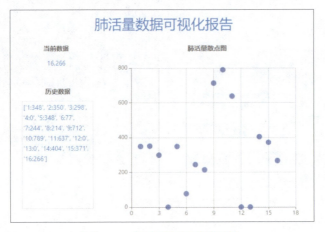

图11-34　肺活量数据可视化报告

提示：可以使用"装饰组件"中的"色块"组件设计背景。在色块上按下鼠标右键，选择"移到最后"，将色块放在所有组件的最后，用"文字"组件设计标题。

附录　Mind+ 可视化面板介绍

什么是数据可视化？

数据可视化的意义是帮助我们从大量数据中高效、快速获取有效信息，信息的质量很大程度上依赖于其表达方式。数据可视化就是借助图形化的手段，让数据变得更加直观。图 11-35 就展示了多种场景下的数据可视化。

图11-35　多种场景下的数据可视化

什么是 Mind+ 可视化面板？

Mind+ 可视化面板是专门将 SIoT 接收到的数据以更方便、更直观的方式呈现出来的界面设计工具。你可以通过拖曳组件来设计想要的数据展示和控制界面。

Mind+ 可视化面板中各区域位置如图 11-36 所示。

图11-36　可视化面板各区域位置

Mind+ 可视化面板中各区域功能介绍见表 11-1。

表 11-1　Mind+ 可视化面板中各区域功能介绍

区域名称	功能
组件区	包含4组组件，使用组件时直接拖曳至搭建区即可，只有可视化面板在编辑时才显示。 基础组件：包括常用的交互类组件，收/发 MQTT 数据。 显示组件：主要为各种显示效果的组件，接收 MQTT 发过来的数据。 图表组件：主要为各种图表类型的组件，接收 MQTT 发过来的数据。 装饰组件：无数据收/发功能，主要是静态装饰作用，用来辅助界面设计
搭建区	用于放置选择的组件，只有可视化面板在编辑时才显示
设置栏	单击搭建区背景时，用于设置和显示画布大小；单击组件时，用于设置和显示组件大小、显示文字等。只有可视化面板在编辑时才显示
菜单栏	包含项目名称操作、数据源设置、布局选择及全屏/编辑按钮。全屏模式下，鼠标放至窗口上方才可显示，否则默认隐藏

第 12 课 IoT 室内环境监测仪

随着生活水平提升，人们对室内环境的要求也越来越高。适宜的室内环境对人体健康是非常重要的。调查显示当室温超过 28℃、湿度大于 70%RH 时，人们易产生闷热、出汗、烦躁、疲劳等反应，容易影响个体的情绪和思维。当室温低于 20℃时，人们易发生感冒等症状。

IoT 室内环境监测仪（如图 12-1 右侧所示）是一款可以监测室内温度、湿度、光照、声音的装置，并且这些环境数据还可以上传到 SIoT 平台。数据可视化界面便于居住者查看数据。居住者可以通过对室内环境数据的监测，及时调整家居环境。

图12-1 可视化界面效果和IoT室内环境监测仪

项目 1 读取温 / 湿度传感器数值

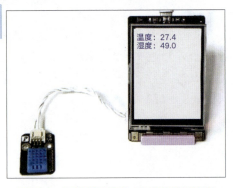

在行空板屏幕上显示图 12-2 所示的温 / 湿度传感器数值，获取环境温度和湿度。

连接硬件

● 硬件清单

项目制作所需要的硬件清单见表 12-1。

图12-2 行空板显示温 / 湿度传感器数值

表 12-1　硬件清单

序号	元器件名称	数量
1	行空板	1 块
2	USB Type-C 接口数据线	1 根
3	温 / 湿度传感器	1 块
4	两头 PH2.0-3Pin 白色硅胶线	若干

● **硬件接线**

将温 / 湿度传感器连接到行空板 P24 引脚（见图 12-3），硬件连接成功后，使用 USB Type-C 接口数据线将行空板连接到计算机。

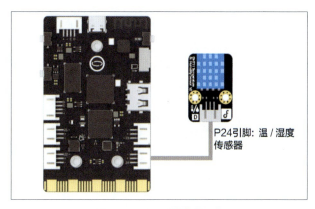

P24引脚：温 / 湿度传感器

图12-3　项目硬件接线示意

> **注意:**
> （1）本课准备软件部分与第 1 课相同，这里不再赘述。
> （2）本课需要用 Mind+ V1.8.0 及以上版本。

编写程序

温 / 湿度传感器可以检测环境温度和湿度。

怎么读取传感器的值呢？需要加载温 / 湿度传感器库，操作方法是单击"扩展"，在"pinpong 库"中找到并单击加载"DHT11/22 温湿度传感器"库（见图 12-4 左侧）。单击"返回"，在指令区看到 DHT 相关指令（见图 12-4 右侧），表示加载成功。

图12-4　加载温 / 湿度传感器库

添加库后，将初始化温/湿度传感器指令，放在图 12-5 所示的 Python 主程序开始之下，初始化引脚为 P24。

获取传感器的温度与湿度，需要使用读取温度和湿度的指令，如图 12-6 所示。

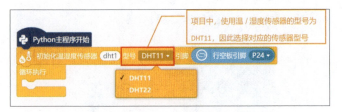

图12-5　初始化温/湿度传感器　　　　　　图12-6　读取温度和湿度的指令

使用显示文字和更新文本内容参数指令，将传感器检测到的温度和湿度显示在行空板上。

温度和湿度直接显示在行空板上，容易分不清楚，可以在数据前面加上温度和湿度的文字注释。使用合并指令，让显示形式变为"温度：温度数据"。读取并显示温/湿度程序如图 12-7 所示。

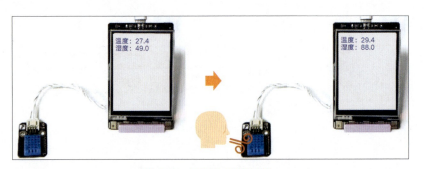

图12-7　读取并显示温/湿度程序

运行程序

运行程序，在行空板屏幕上会显示实时的温/湿度，尝试朝着传感器的蓝色检测头哈气，可以看到温/湿度会发生明显变化，如图 12-8 所示。

图12-8　显示温/湿度效果

编程知识

● 指令回顾

接下来，我们对项目 1 所使用的指令进行回顾，见表 12-2。

表 12-2　项目 1 指令

指令	说明
初始化温湿度传感器 dht1 型号 DHT11 ▾ 引脚 pin1 　　　　　　　✓ DHT11 　　　　　　　DHT22	该指令用于初始化温／湿度传感器的引脚，使用时注意选择温／湿度传感器的型号
dht1 读取 温度(℃) ▾ 　✓ 温度(℃) 　湿度(%rh)	该指令用于获取温／湿度传感器检测到的温度或湿度

硬件知识

● 温／湿度传感器

温／湿度传感器可以检测环境温度和湿度。温／湿度传感器有不同的型号，如 DHT11、DHT22 等，我们使用的是 DHT11 温／湿度传感器。

DHT11 温／湿度传感器上标有"D"（见图 12-9），所以它是一款数字传感器。传感器内部封装了一个电阻式感湿元器件，用于检测环境湿度；一个 NTC 测温元器件，用于检测环境温度。

图12-9　DHT11温／湿度传感器

项目 2　发送 IoT 环境数据

在行空板屏幕上显示环境温度、湿度、光照、声音数据，发送这些数据，在 SIoT 平台存储并显示数据，室内环境监测仪及 SIoT 数据如图 12-10 所示。

图12-10　室内环境监测仪及SIoT数据

创建主题

编写程序前，需要先在 SIoT 平台中创建图 12-11 所示的 4 个主题："siot/ 室内温度""siot/ 室内湿度""siot/ 室内光照""siot/ 室内声音"，创建方法参照第 10 课项目 1。

主题(topic):	siot/室内声音	主题(topic):	siot/室内光照	主题(topic):	siot/室内湿度	主题(topic):	siot/室内温度
数据总数	0	数据总数	0	数据总数	0	数据总数	0
最新数据		最新数据		最新数据		最新数据	
描述		描述		描述		描述	
时间	1970/1/1 08:00:00	时间	1970/1/1 08:00:00	时间	1970/1/1 08:00:00	时间	1970/1/1 08:00:00
查看详情	清空数据	删除	查看详情	清空数据	删除	查看详情	清空数据	删除	查看详情	清空数据	删除

图12-11　室内环境监测仪所需主题

编写程序

开始编写程序之前，先来分析一下这个任务。首先，行空板界面上需要显示室内环境监测数据，如图 12-12 所示，包括温度、湿度、光照和声音的数据。然后，将这些室内环境数据上传到 SIoT 平台上。

图12-12　室内环境监测数据

● 设计界面

要设计行空板显示界面，先将图 12-13 所示的本课素材文件夹中的背景与环境图片加载到项目中。

图12-13　加载图片素材

　　使用显示图片指令，在行空板上显示背景图片与环境图片，根据上面分析的图标坐标，设置图片在对应的 X、Y 坐标上显示即可，程序如图 12-14 所示。

　　下面使用显示文字指令和更新文本内容参数指令，将温 / 湿度、光照及声音数据显示在行空板上，程序如图 12-15 所示。

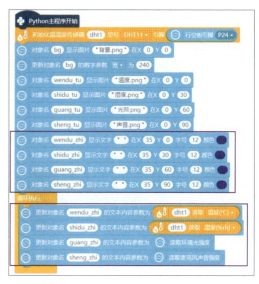

图12-14　行空板屏幕背景设计程序　　　　图12-15　行空板屏幕数据显示设计程序

● 上传数据

　　使用物联网功能时，需要先加载 MQTT-py 库，操作如图 12-16 所示。

图12-16　添加MQTT-py库

　　然后，按照"初始化 MQTT"→"发起连接"→"保持连接"→"订阅主题"的顺序编写程序。这里需要实现的功能是将环境温度、湿度、光照、声音数据发送到 SIoT 平台。室内环境监测及数据上传程序如图 12-17 所示。

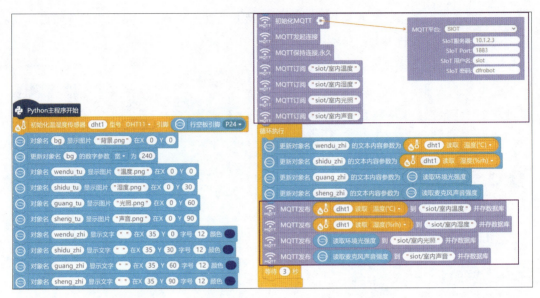

图12-17 室内环境监测及数据上传程序

运行程序

运行程序,行空板屏幕显示环境数据,Mind+ 终端界面上显示"连接结果:连接成功",如图 12-18 所示。

每隔 3s,行空板向 SIoT 平台发送环境数据,"siot/ 室内光照"主题接收数据如图 12-19 所示。

图12-18 行空板屏幕显示及连接成功提示

图12-19 "siot/室内光照"主题接收数据

项目 3 环境数据可视化界面

利用 Mind+ 可视化面板,设计图 12-20 所示的环境数据可视化界面,分别显示温度折线图、湿度水波图、声音强度仪表盘和光照面积图。

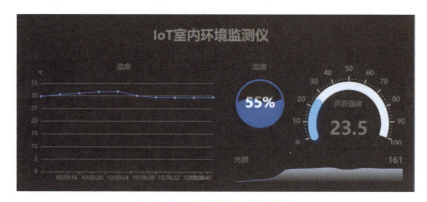

图12-20　环境数据可视化界面

设计可视化界面

单击 Mind+ 上方的可视化面板按钮，打开可视化面板窗口，新建项目"12.3 环境数据可视化界面"，如图 12-21 所示。

单击项目上的"编辑"，进入项目编辑界面。设置服务器地址为"10.1.2.3"，单击"完成"，如图 12-22 所示。

图12-21　新建环境数据可视化界面项目

图12-22　设置服务器地址

拖出"折线图"组件，参照图 12-23 修改组件属性。

拖出"水波图"组件，参照图 12-24 修改组件属性。

图12-23　修改"折线图"组件属性

图12-24　修改"水波图"组件属性

拖出"进度仪表盘"组件，参照图 12-25 修改组件属性。

拖出"迷你面积图"组件，参照图 12-26 修改组件属性。

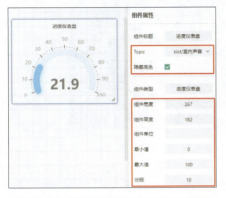

图12-25　修改"进度仪表盘"组件属性　　　　图12-26　修改"迷你面积图"组件属性

最后，使用"装饰组件"中的"色块"和"文字"组件，进行适当的装饰和界面排布，界面如图 12-27 所示。

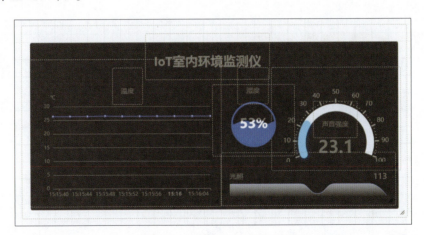

图12-27　环境数据可视化界面

完成界面设计后，运行项目 2 的程序，在可视化面板上单击"全屏"，即可查看环境数据可视化界面，每种数据每隔 3s 更新一次。

第 13 课 IoT 植物灌溉系统

　　快节奏的生活中，养一盆植物可以缓解压力和焦虑。但是，很多养植物的小伙伴会因为出差、旅游或者其他原因，不能及时浇水，时间短可能会影响植物正常生长，时间长甚至会导致植物死亡。本课我们使用行空板、土壤湿度传感器和水泵设计 IoT 植物灌溉系统（见图 13-1），监控土壤湿度，解决不能及时浇水的问题。

图 13-1　IoT 植物灌溉系统组成及效果

项目 1　读取土壤湿度传感器

　　在行空板屏幕上显示土壤湿度传感器的数值，显示效果如图 13-2 所示。

连接硬件

● 硬件清单

项目制作所需要的硬件清单见表 13-1。

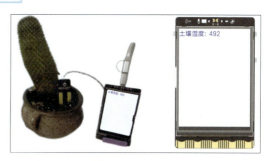

图 13-2　读取并显示土壤湿度传感器数值效果

表 13-1　硬件清单

序号	元器件名称	数量
1	行空板	1 块
2	USB Type-C 接口数据线	1 根
3	土壤湿度传感器	1 个
4	两头 PH2.0-3Pin 白色硅胶线	若干

● **硬件接线**

将土壤湿度传感器连接到行空板 P21 引脚（见图 13-3），连接成功后，使用 USB Type-C 接口数据线将行空板连接到计算机。

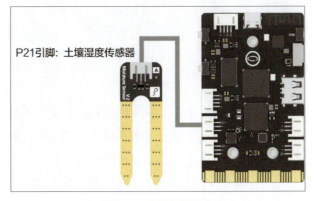

图13-3　硬件接线示意

> **注意:**
> （1）本课准备软件部分与第 1 课相同，这里不再赘述。
> （2）本课需要用 Mind+ V1.8.0 及以上版本。

编写程序

土壤湿度传感器可以用来检测土壤中的水分。

怎么读取传感器的数值呢？土壤湿度传感器上印有丝印"A"（见图 13-4），说明土壤湿度传感器为模拟传感器。

要获取模拟传感器的值，需要使用读取模拟引脚指令，选择引脚为 P21（~A），如图 13-5 所示。

然后使用显示文字指令，将土壤湿度传感器采集到的数值显示在行空板上。读取并显示土壤湿度传感器数值程序如图 13-6 所示。

图13-4　土壤湿度传感器

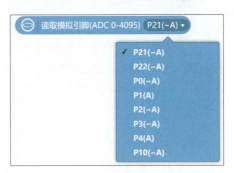

图13-5　读取模拟引脚指令

图13-6　读取并显示土壤湿度传感器数值程序

运行程序

运行程序，在行空板屏幕上会显示实时的土壤湿度传感器数值。尝试将土壤湿度传感器的金色检测头插入土壤中，可以看到土壤湿度数值，效果如图 13-7 所示。

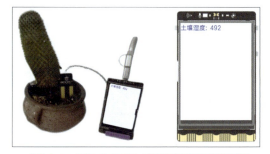

图13-7　读取并显示土壤湿度传感器数值效果

编程知识

● 指令回顾

接下来，我们对项目 1 所使用的指令进行回顾，见表 13-2。

表 13-2　项目 1 指令

指令	说明
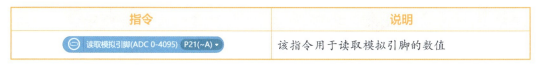	该指令用于读取模拟引脚的数值

硬件知识

● 模拟输入

什么是模拟输入？先来认识模拟信号。

模拟信号是指在一定范围内，有无

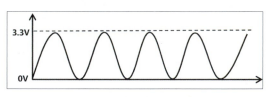

图13-8　行空板中的模拟信号

限个取值的信号。在图 13-8 所示的模拟信号中，行空板的输出电压为 3.3V，在行空板的模拟接口中，已经将 0~3.3V 的电压值映射为 0~4095 的模拟值，0 对应 0V，4095 对应 3.3V。

模拟输入将模拟传感器的模拟信号作为输入。比如，项目中用的土壤湿度传感器就是模拟传感器。

● 土壤湿度传感器

土壤湿度传感器是一个简易的水分传感器，可用于检测土壤中的水分。土壤中的水分含量越高，传感器的数值越大；土壤中的水分含量越低，传感器的数值越小。因此可以通过土壤湿度传感器判断土壤湿度的大小。那么，土壤湿度传感器是如何工作的呢？

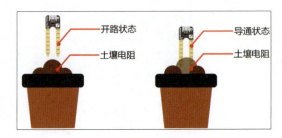

图13-9　土壤湿度传感器工作原理

如图 13-9 所示，当土壤湿度传感器的金色检测头悬空时，电路处于开路状态，因此土壤湿度传感器输出的值为 0。当土壤湿度传感器的探头插入土壤中时，电路处于导通状态，电路中的电压经过处理就可以得到土壤湿度模拟值。由于土壤中水分含量不同，土壤的电阻值也不相同，对应的电压值也不相同，这就是为什么能看到大小不同的土壤湿度数值。

项目2　控制水泵

在行空板屏幕上显示"打开""关闭"按钮。点击"打开"按钮，控制水泵浇水；点击"关闭"按钮，控制水泵停止浇水，操作如图 13-10 所示。

图13-10　控制水泵操作

● 连接硬件

● 硬件清单

在项目 1 的基础上，新增的硬件见表 13-3。

● 硬件接线

在项目 1 的基础上，参考图 13-11，将继电器连接到行空板的 P24 引脚，将水泵连接到继电器的 VOUT 接口，电池盒连接到继电器的 VIN 接口，电池盒中装入 4 节 5 号干电池。连接成功后，使用 USB Type-C 接口数据线将行空板连接到计算机。

表 13-3　新增的硬件

序号	元器件名称	数量
1	水泵	1 个
2	继电器	1 块
3	4 节 5 号电池盒	1 个
4	5 号干电池	4 节

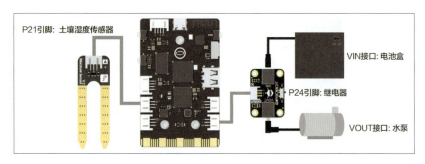

P21引脚: 土壤湿度传感器

VIN接口: 电池盒

P24引脚: 继电器

VOUT接口: 水泵

图13-11　项目2硬件接线示意

编写程序

怎么控制水泵浇水呢？行空板控制水泵时，需要配合继电器和电池盒一起使用。

怎么控制继电器呢？继电器模块上印有丝印"D"（见图 13-12），说明继电器模块需要使用数字信号来控制。

图13-12　继电器模块

使用增加按钮指令，在行空板屏幕上添加"打开"和"关闭"按钮，并分别设置对应的点击回调函数名为 button_click1、button_click2,如图 13-13 所示。

点击行空板上的"打开"按钮，控制继电器输出高电平；点击"关闭"按钮，控制继电器输出低电平。按钮控制水泵程序如图 13-14 所示。

图13-13　设置控制按钮程序

运行程序

水泵不能空转，因此在运行程序前，为了避免损坏水泵，必须先将水泵放入水中。然后，将电池盒上的开关拨到 ON 端，为水泵提供电源。

运行程序，在行空板屏幕上会显示两个按钮和土壤湿度数值。点击"打开"按钮，继

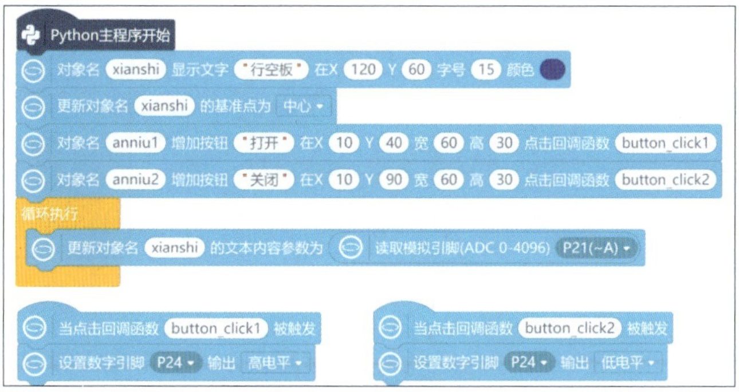

图13-14　按钮控制水泵程序

电器上的红色指示灯亮起，水泵开始抽水（见图 13-15 左侧）。点击"关闭"按钮，继电器上的红色指示灯熄灭，水泵停止工作（见图 13-15 右侧）。

图13-15　控制水泵抽水效果

编程知识

● 指令回顾

接下来，我们对项目 2 所使用的指令进行回顾，见表 13-4。

表 13-4　项目 2 指令

指令	说明
 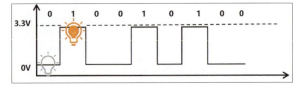	该指令用于设置数字引脚输出为高电平或低电平

硬件知识

● 数字输出

什么是数字输出？数字输出就是指可以用数字信号（0 或 1）控制的输出设备。数字信号 0 为低电平，数字信号 1 为高电平，通过高低电平控制输出设备的通断。

● 模拟信号与数字信号的区别

数字信号只有 0 或 1 两个值。在行空板中，数字输出就是高电平和低电平，高电平是 1，对应 3.3V；低电平是 0，对应 0V。如果使用数字信号来控制 LED，那么 LED 只有两种状态，亮或者灭（见图 13-16）。

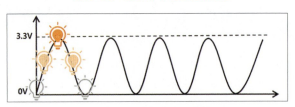

图13-16　数字信号输出控制LED

模拟信号在 0~3.3V 内有无数个值，映射到行空板模拟引脚上为 0~4095。如果使用模拟信号控制 LED，那么 LED 的亮度就由逐渐亮到逐渐灭，会有很多种状态（见图 13-17）。

图13-17　模拟信号输出控制LED

● 继电器

继电器是一种电子控制元器件，我们可以将它理解成一个开关，只是这个开关不是用手控制，而是用"电"控制。项目中使用的继电器由 VIN 端、VOUT 端及控制电路组成，继电器及其控制电路如图 13-18 所示。

在继电器的 VIN 端接上电源，VOUT 端接上水泵。在程序中，通过设置继电器为高电平或低电平，就可以控制 VOUT 端水泵的开关了。

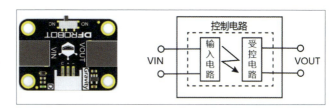

图13-18 继电器及其控制电路

继电器上设置了 NC、NO 拨动开关，NO 与 NC 是什么意思呢？

NO（Normal Open）表示触点常开，未通电时继电器处于断开状态。

NC（Normal Close）表示触点常闭，未通电时继电器处于导通状态。

● 水泵

水泵是如何工作的呢？

水泵作为一种执行器，需要有电源和控制开关。电池盒为水泵提供电源，继电器作为水泵的控制开关。水泵、继电器和电池盒接线示意如图 13-19 所示。

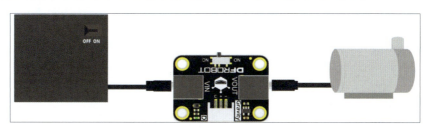

图13-19 水泵、继电器和电池盒接线示意

水泵内部有一个直流电机（见图 13-20）。控制继电器输出高电平，给水泵通电，直流电机就开始旋转。电机旋转过程中，从吸水口吸入水，水跟着电机一起旋转，最后从排水口排出，实现抽水。

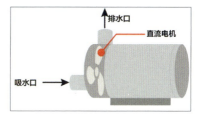

图13-20 水泵组成

项目3 IoT 控制水泵

在 SIoT 平台发送数据"开启"，启动水泵（见图 13-21）；发送数据"关闭"，关闭水泵。

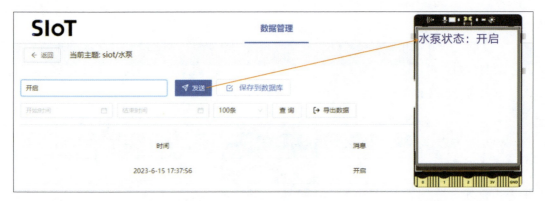

图13-21　IoT控制水泵效果

创建主题

　　编写程序前，需要先在SIoT平台中创建主题"siot/水泵"（见图13-22）。创建方法参照第10课项目1。

图13-22　用于控制水泵的主题

编写程序

　　使用物联网功能时，需要先加载 MQTT-py 库，如图 13-23 所示。

图13-23　添加MQTT-py库

　　然后，按照"初始化 MQTT"→"发起连接"→"保持连接"→"订阅主题"的顺序编写程序。使用显示文字指令，将水泵状态显示在行空板屏幕上，实现程序如图 13-24 所示。

　　行空板接收到 SIoT 平台的数据后，首先判断数据是否来自主题"siot/水泵"。然后再判断信息内容，根据信息内容，执行不同的操作。IoT 控制水泵程序如图 13-25 所示。

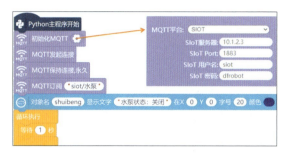

图13-24　设置MQTT并显示水泵初始状态程序 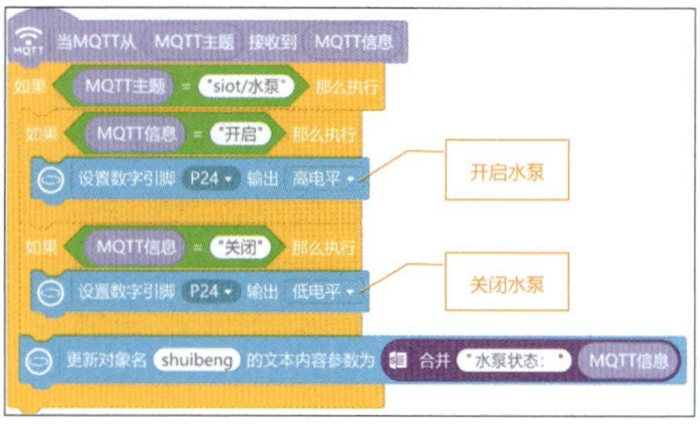　　　图13-25　IoT控制水泵程序

运行程序

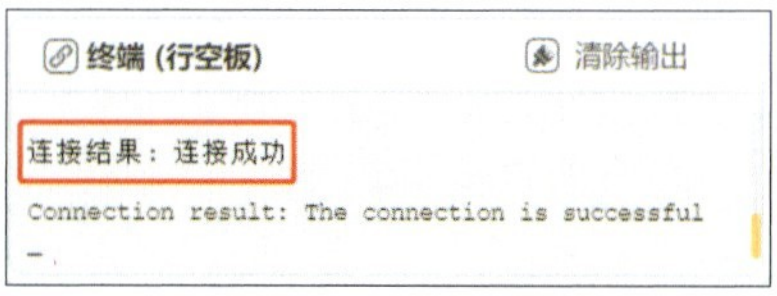

运行程序，在 Mind+ 终端界面上提示"连接结果：连接成功"，如图 13-26 所示。

在 SIoT 平台的信息内容框中输入"开启"，勾选"保存到数据库"，单击"发送"按钮，行空板屏幕显示"水泵状态：开启"，继电器红色指示灯亮起，水泵开始抽水。

单击"关闭"按钮，水泵停止工作。控制效果如图 13-27 所示。

图13-26　SIoT连接成功提示

项目 4　可视化界面控制水泵

在 Mind+ 可视化面板上设计开关控制水泵，效果如图 13-28 所示。

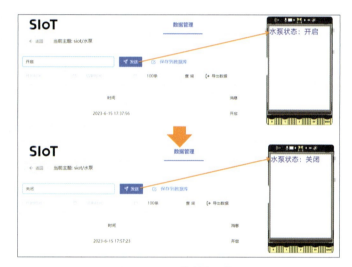

图13-27　IoT控制水泵效果

图13-28　水泵开关可视化界面效果

设计可视化界面

单击 Mind+ 上方的可视化面板按钮，打开可视化面板窗口，新建项目"13.4 可视化界面控制水泵"，建好的项目如图 13-29 所示。

单击项目上的"编辑"，进入项目编辑界面。设置服务器地址为"10.1.2.3"，单击"完成"，如图 13-30 所示。

图13-29　新建可视化界面控制水泵项目

图13-30　设置服务器地址

拖出"按钮"组件，如图 13-31 所示。参照图 13-32 修改组件属性。

实现单击按钮，会向指定的主题发送一条指定信息。比如，单击图 13-32 中的"开启"按钮，就会向"siot/ 水泵"发送一条信息"开启"。

再拖出一个"按钮"组件，参照图 13-33 修改组件属性。

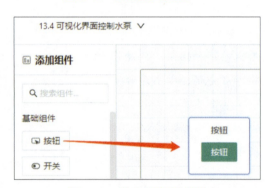

图13-31　拖出"按钮"组件

图13-32　修改"开启"按钮组件属性

图13-33　修改"关闭"按钮组件属性

运行项目 3 程序。在可视化界面上单击"开启"，会向"siot/ 水泵"发送开启信息，此时，行空板屏幕显示"水泵状态：开启"，继电器红色指示灯亮起，水泵开始抽水；

单击"关闭"，会向"siot/水泵"发送关闭信息，控制水泵停止工作。操作时，行空板屏幕如图 13-34 所示。

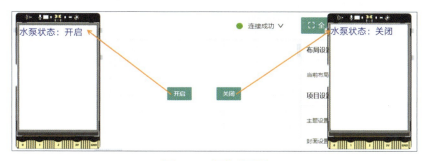

图13-34　行空板屏幕

在 SIoT 平台上，可以看到单击组件发送的信息记录，如图 13-35 所示。

图13-35　SIoT平台上的信息记录

项目5　IoT 植物灌溉系统

通过植物两种状态，即缺水和健康，展示土壤湿度情况，为了实现人性化浇水，在Mind+ 可视化界面上切换两种控制模式：手动控制和自动控制，效果如图 13-36 所示。

手动控制：点击行空板屏幕上的"开启"和"关闭"按钮，控制水泵。

自动控制：在 Mind+ 可视化界面输入合适的土壤湿度阈值，当土壤湿度值小于阈值时，自动打开水泵；反之，关闭水泵。

图13-36　IoT植物灌溉系统效果

147

创建主题

编写程序前，需要先在 SIoT 平台中创建图 13-37 所示的 4 个主题："siot/ 植物状态""siot/ 阈值""siot/ 控制状态""siot/ 土壤湿度"。创建方法参照第 10 课项目 1。

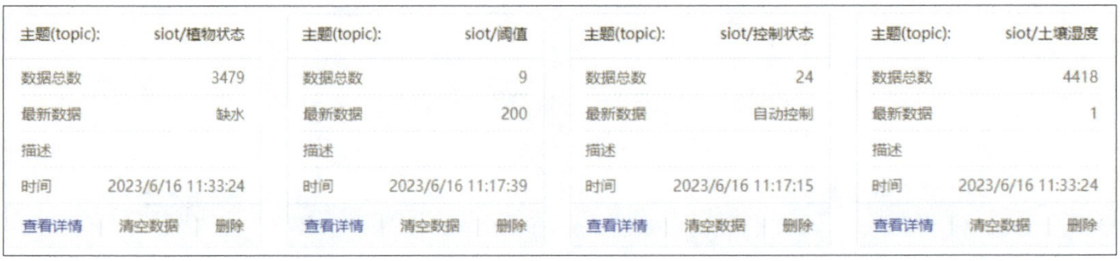

主题(topic):	siot/植物状态		主题(topic):	siot/阈值		主题(topic):	siot/控制状态		主题(topic):	siot/土壤湿度
数据总数	3479		数据总数	9		数据总数	24		数据总数	4418
最新数据	缺水		最新数据	200		最新数据	自动控制		最新数据	1
描述			描述			描述			描述	
时间	2023/6/16 11:33:24		时间	2023/6/16 11:17:39		时间	2023/6/16 11:17:15		时间	2023/6/16 11:33:24
查看详情	清空数据	删除	查看详情	清空数据	删除	查看详情	清空数据	删除	查看详情	清空数据	删除

图13-37　IoT植物灌溉系统所需主题

编写程序

先来分析一下项目功能，首先是设计行空板的界面，然后是将相关数据上传到 SIoT 平台。

● 设计界面

为了简化程序，这里将界面中的框和不用变化的文字制作成一张背景图。要设计行空板显示界面，先将本课素材文件夹中的背景与环境图片，加载到项目中，加载图片素材如图 13-38 所示。

图13-38　加载图片素材

使用显示文字、显示图片等指令，设计行空板显示界面，行空板界面设计程序如图 13-39 所示。

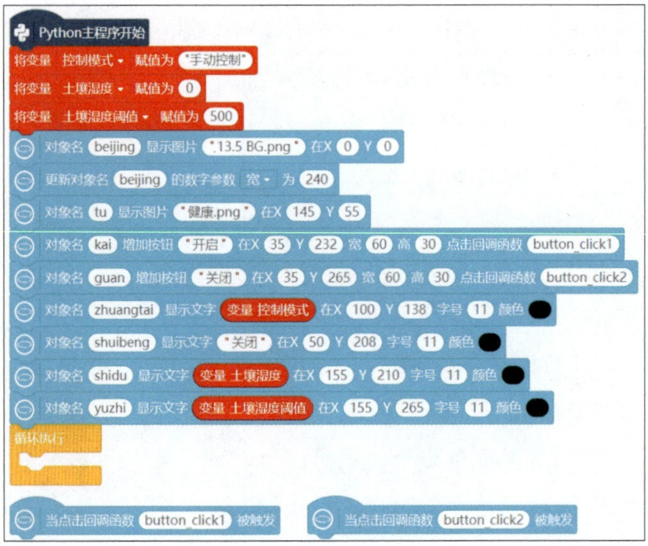

图13-39　行空板界面设计程序

● 上传数据

按照"初始化 MQTT"→"发起连接"→"保持连接"→"订阅主题"的顺序，上传数据到 SIoT 平台。IoT 植物灌溉系统程序如图 13-40 所示。

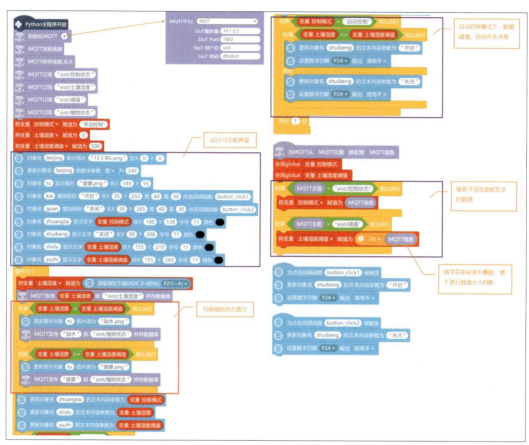

图13-40　IoT植物灌溉系统程序

运行程序

运行程序，行空板屏幕显示如图 13-41 左侧所示，在 Mind+ 终端界面上显示"连接结果：连接成功"，如图 13-41 所示。

图13-41　运行后行空板屏幕显示及SIoT连接成功提示

程序中设定初始阈值为 500，初始控制状态为手动控制。当土壤湿度小于 500 时，植物状态为缺水，否则为健康。点击"开启"按钮，继电器上的红色指示灯亮起，水泵开始抽水；点击"关闭"按钮，继电器上的红色指示灯熄灭，水泵停止工作。

设计可视化界面

单击 Mind+ 上方的可视化面板按钮，打开可视化面板窗口，新建项目"13.5 IoT 植物灌溉系统"。单击项目上的"编辑"，设置服务器地址为"10.1.2.3"。拖出"开关"组件（见图 13-42）。参照图 13-43 修改组件属性。

单击"开关"组件为开或关时，会向指定的 Topic 发送不同的信息。比如，单击图 13-43 中的开关为"自动控制"时，会向"siot/ 控制状态"发送一条信息"自动控制"；单击开关为"手动控制"时，会向"siot/ 控制状态"发送一条信息"手动控制"。

再拖出一个"输入框"组件（见图 13-44）。参照图 13-45 修改组件属性。

在"输入框"组件的输入框中输入任意内容，该组件会将输入的内容发送到指定主题。比如，在图 13-45 中输入 200 时，会将 200 发送给"siot/ 阈值"。

继续拖出"自定义开关"组件（见图 13-46）。参照图 13-47 修改组件属性。

图13-42　拖出"开关"组件

图13-44　拖出"输入框"组件

图13-43　修改"开关"组件属性

图13-45　修改"输入框"属性

图13-46　拖出"自定义开关"组件

通过"自定义开关"组件，可以将植物状态图片同步显示在可视化界面上。完成后的可视化界面如图 13-48 所示。

运行本项目程序。在可视化界面上单击"控制模式"的开关，行空板界面上的控制状态会同步更新；在"阈值"中输入数值并发送，行空板界面上的阈值也会同步更新。在自动控制时，当土壤湿度小于阈值，就会自动启动水泵浇水，否则停止浇水。

编程知识

● 指令回顾

接下来，我们对项目 5 所使用的指令进行回顾，见表 13-5。

表 13-5　项目 2 指令

指令	说明
	该指令用于数据计算或转换，选择 int 时，表示将数据转换为数值类型

挑战自我

尝试完善可视化界面，为项目加上土壤湿度数值、土壤湿度折线图、标题和背景，任务效果如图 13-49 所示。

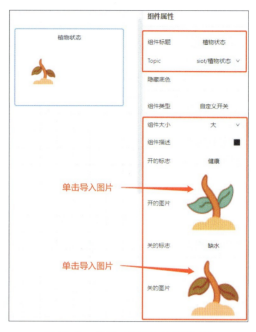

图13-47　修改"自定义开关"属性

图13-48　植物灌溉系统可视化界面

图13-49　挑战自我任务效果

第 14 课 IoT 校园物联网大屏系统

在真实的物联网系统中，往往需要部署多个节点。比如，在温室大棚中，至少要有一个智能终端用于采集数据和控制设备；在大棚外的中控室，至少要有一个移动终端用于远程查看数据和操控设备；此外，还需要有一个物联网服务器用于存储数据。

本课我们将尝试使用 3 块行空板，分别作为服务器、智能终端、移动终端，为校园搭建一个监控大棚环境数据的物联网系统，实现监控土壤湿度、环境温 / 湿度数据，控制通风窗的开关。同时，将这些数据可视化显示出来，方便校园中的同学们查看和分析数据，如图 14-1 所示。

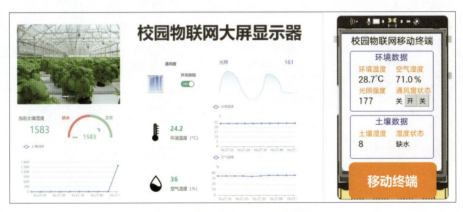

图14-1 校园物联网大屏系统效果

项目 1 控制舵机

通过控制舵机转动，模拟通风窗的开关。

连接硬件

🟠 硬件清单

项目制作所需要的硬件清单见表 14-1。

表 14-1　硬件清单

序号	元器件名称	数量
1	 行空板	1 块
2	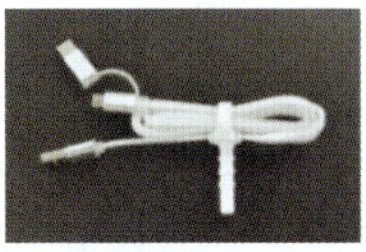 USB Type-C 接口数据线	1 根
3	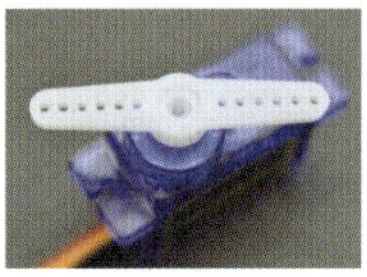 舵机	1 个

● 硬件接线

将舵机连接到行空板 P23 引脚（见图 14-2），连接成功后，使用 USB Type-C 接口数据线将行空板连接到计算机。

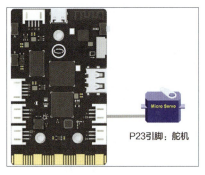

P23引脚：舵机

图14-2　项目硬件连线示意

注意：
（1）本课准备软件部分与第 1 课相同，这里不再赘述。
（2）本课需要用 Mind+V1.8.0 及以上版本。

编写程序

舵机可以在 0°～180° 范围内转动。怎么控制舵机转动呢？控制舵机需要加载舵机库。单击"扩展"，在"pinpong库"中找到并单击加载"舵机"库。单击"返回"，在指令区看到舵机相关指令，表示加载成功，如图 14-3 所示。

然后，我们就可以对舵机引脚进行初始化，再设定舵机转动。舵机转动程序如图 14-4 所示。

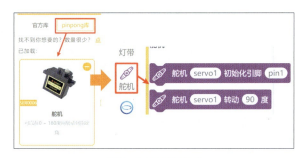

图14-3　加载舵机库

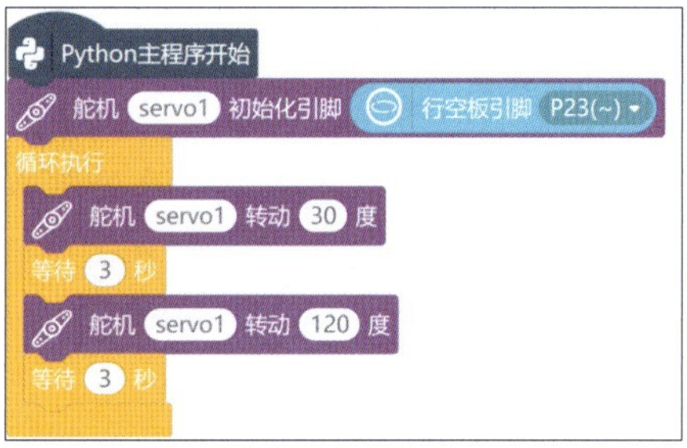

图14-4　舵机转动程序

运行程序

运行程序，如图 14-5 所示，可以看到舵机来回转动。

来回转动

图14-5　舵机来回转动

编程知识

● 指令回顾

接下来，我们对项目 1 所使用的指令进行回顾，见表 14-2。

表 14-2　项目 1 指令

指令	说明
 舵机 servo1 初始化引脚 pin1	该指令用于初始化舵机引脚。使用时要写明舵机对象名，如 servo1，以及接入行空板的引脚
 舵机 servo1 转动 90 度	该指令用于设定舵机当前的角度。使用时要写明舵机对象名，如 servo1，设置角度时，要注意舵机的最大角度

硬件知识

● 舵机

舵机（见图 14-6）是一种能控制舵臂转至指定位置（角度）的执行器，常见的舵机有 180° 和 360° 两种，本项目使用的是 180° 舵机。

项目 2　搭建校园物联网系统

接下来我们使用 3 块行空板，分别作为服务器、智能终端、移动终端，搭建一个监控大棚环境数据的物联网系统，如图 14-7 所示。

图14-6　舵机

在服务器行空板上，开启 SIoT 服务，用于存储物联网数据。

在智能终端行空板上，接入土壤湿度传感器和温/湿度传感器，用于采集大棚数据，接入舵机，用于模拟控制通风窗。

在移动终端行空板上，显示实时的传感器数据，并设置开关按钮，远程控制舵机。

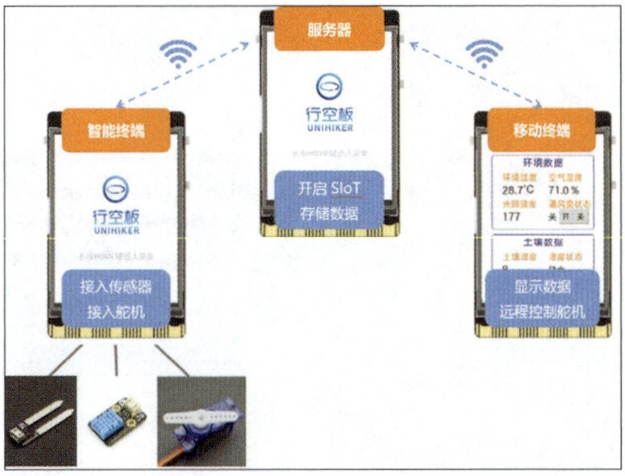

图14-7　校园物联网系统

连接硬件

● 硬件清单

在项目 1 的基础上，新增 2 块行空板、2 根 USB Type-C 接口数据线和表 14-3 所示的硬件。

● 硬件接线

取出一块行空板作为智能终端。在项目 1 的基础上，将土壤湿度传感器连接到行空板 P21 引脚，将温 / 湿度传感器连接到 P22 引脚（见图 14-8）。

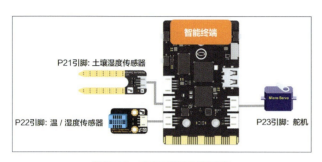

图14-8　项目2硬件接线示意

表 14-3　新增硬件

序号	元器件名称	数量
1	温 / 湿度传感器	1 块
2	土壤湿度传感器	1 块
3	两头 PH2.0-3Pin 白色硅胶线	若干

配置网络

使用 3 块行空板来构建物联网系统时，需要先将它们接入同一网络，才能实现通信。

这里提供两种配置网络的方法，第一种是使用无线网络（行空板仅支持连接 2.4GHz 无线网络），适用于有可用的无线网络时；第二种是使用行空板热点，适用于没有可用的无线网络时。

> 注意：　在有无线网络可用的情况下，推荐优先使用无线网络。

● 使用无线网络

无线网络就是生活中常用的路由器 Wi-Fi 或手机热点。当无线网络可用时，可以将行空板接入网络中，步骤如下。

1 取一块行空板，用 USB Type-C 接口数据线连接到计算机上。打开网页浏览器，输入"10.1.2.3"，打开行空板网页菜单。

2 单击"网络设置"，在"连接WiFi"栏单击"扫描"寻找可以使用的无线网络，填写 Wi-Fi 名称并输入密码，单击"连接"，等待连接成功。

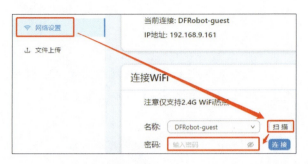

3 连接成功后，在"WiFi状态"下，可以看到当前连接 Wi-Fi 的名称和行空板 IP 地址。

通过上面步骤，行空板就成功接入无线网络了。行空板会默认记住连接的 Wi-Fi 名称和密码，并在断电、重新上电后，自动重新连接这个 Wi-Fi。

按照上面方法，将另外两块行空板也接入同一个无线网络下。为了编程方便，可以将计算机也接入这个无线网络下。

接下来，我们来检查一下这 3 块行空板和计算机是否已连入同一个无线网络下。

1 同时给 3 块行空板供电，可以用移动电源、手机适配器或计算机 USB 接口，分别进入每块行空板的 HOME 菜单，查看网络信息中的 IP 地址。

2 如果 3 块行空板的 IP 地址像下图中框出部分，即 IP 前 3 段数字相同，说明它们已连入同一个无线网络下。

3 同时按下键盘上的 WIN+R 组合键，弹出系统运行窗口。

4 输入"cmd"，单击"确定"，弹出命令行界面。

5 在命令行界面输入"ipconfig"，按下键盘 Enter 键，在命令行界面中可以看到 IP 地址。

计算机和 3 块行空板的 IP 地址，前 3 段数字相同，说明它们已连入同一个无线网络下。

注意： 每次连接不同的 Wi-Fi，IP 地址都可能发生变化，需要通过上述方法重新获取。

● 使用行空板热点

当没有可用的无线网络时，可以使用行空板热点。

开启行空板热点方法如图 14-9 所示，需要进入行空板 HOME 菜单，找到并进入"开关无线热点模式"，启用无线热点，启用后就会显示无线网络账号（SSID）和密码（PASS）。

图14-9　开启行空板热点方法

只需要在一块行空板上开启热点，开启后，利用行空板的热点，就可以创建一个小型的无线局域网络。其他 2 块行空板和计算机连接这个网络即可。

连接成功后，同样可以通过检查 IP 地址前 3 段是否相同的方式，确认 3 块行空板和计算机都接入了行空板的热点下。

编写程序

接下来，分别设计服务器行空板、智能终端行空板和移动终端行空板的程序。

● 服务器行空板

取一块行空板作为服务器。在行空板菜单中查看 IP 地址，如图 14-10 所示，IP 地址为"192.168.9.161"。

图14-10　服务器行空板
IP地址

打开网页浏览器，输入服务器行空板 IP 地址"192.168.9.161"，打开服务器行空板网页菜单，如图 14-11 所示。

图14-11　打开服务器行空板网页菜单

在"应用开关"中,启用 SIoT 服务,"正在运行"表示启动成功,如图 14-12 所示。

打开 SIoT 网页端,在 SIoT 平台中创建 6 个主题(见图 14-13):"siot/ 环境温度""siot/ 环境湿度""siot/ 环境光照""siot/ 土壤湿度""siot/ 土壤湿度状态""siot/ 通风窗"。创建方法参照第 10 课项目 1。服务器行空板只需要启用 SIoT 服务即可,可以不设计程序。

图14-12 启用SIoT服务

主题(topic):	siot/通风窗	主题(topic):	siot/土壤湿度状态	主题(topic):	siot/土壤湿度
数据总数	49	数据总数	19053	数据总数	18711
最新数据	off	最新数据	缺水	最新数据	1
描述		描述		描述	
时间	2023/3/13 14:47:03	时间	2023/3/13 14:33:44	时间	2023/3/13 14:33:44

新建主题(Topic)

查看详情 清空数据 删除 / 查看详情 清空数据 删除 / 查看详情 清空数据 删除

主题(topic):	siot/环境光照	主题(topic):	siot/环境湿度	主题(topic):	siot/环境温度
数据总数	18711	数据总数	18711	数据总数	18712
最新数据	305	最新数据	26.0	最新数据	26.0
描述		描述		描述	
时间	2023/3/13 14:33:44	时间	2023/3/13 14:33:44	时间	2023/3/13 14:33:44

查看详情 清空数据 删除 / 查看详情 清空数据 删除 / 查看详情 清空数据 删除

图14-13 创建项目所需主题

● **智能终端行空板**

在智能终端行空板菜单中,查看 IP 地址,如图 14-14 所示,其 IP 地址为"192.168.9.148"。

远程连接智能终端行空板如图 14-15 所示,在 Mind+ 中,单击"连接远程终端"→"手动输入",在弹出的"SSH 登录"窗口中,输入智能终端行空板的 IP 地址。

图14-14 智能终端行空板IP地址

图14-15 Mind+远程连接智能终端行空板

单击"确定"，等待连接成功，连接成功后如图 14-16 所示。

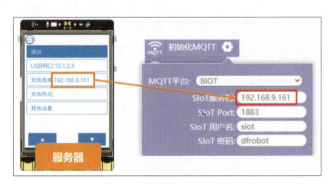

图14-16　智能终端远程连接Mind+成功

注意:
（1）如果连接不成功，先检查行空板 IP 地址是否正确，再检查计算机是否与行空板接入了同一个无线网络下。

（2）当行空板通过 USB Type-C 接口数据线接入计算机时，可以直接用 10.1.2.3 连接。当行空板没有用 USB Type-C 接口数据线接入计算机时，只需要行空板与计算机在同一网络下，就可以使用行空板的 IP 地址来连接。

先来分析一下智能终端行空板的功能，智能终端需要负责收集传感器数据并发送到物联网平台，接收移动终端的物联网信息，控制执行器。

1. 设置 MQTT

首先完成服务器连接设置和主题订阅，程序如图 14-17 所示。

在初始化 MQTT 过程中，按图 14-18 所示在 SIoT 服务器设置服务器行空板 IP 地址"192.168.9.161"。

图14-17　设置MQTT程序　　图14-18　设置智能终端程序的服务器IP地址

2. 发送 IoT 数据

我们可以获取的数据有：土壤湿度、环境温度、空气湿度和光照强度。通过程序（见图 14-19）获取各个传感器的数据，并发送到物联网平台上。

此外，还可以根据实时土壤

图14-19　获取并发送传感器数据程序

湿度，将植物是否缺水的状态发送到物联网平台上，实现程序如图 14-20 所示。

图14-20　发送土壤湿度状态数据程序

3. 接收 IoT 数据

我们可以通过舵机控制通风窗，接收信息内容为"on"开启通风窗，为"off"关闭通风窗。智能终端行空板程序如图 14-21 所示。

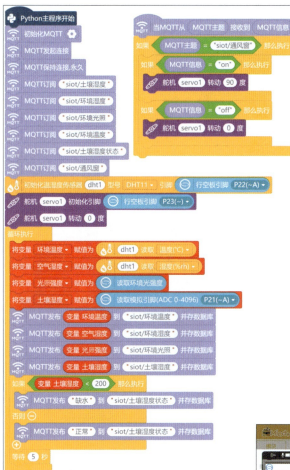

图14-21　智能终端行空板程序

● 移动终端行空板

取第 3 块行空板，作为移动终端。给移动终端行空板供电，在行空板菜单中，查看 IP 地址。如图 14-22 所示，IP 地址为"192.168.9.63"。

图14-22　移动终端行空板IP地址

Mind+ 远程连接移动终端行空板如图 14-23 所示，在 Mind+ 中，单击"连接远程终端"→"手动输入"，在弹出的"SSH 登录"窗口中，输入移动终端行空板的 IP 地址。

图14-23　Mind+远程连接移动终端行空板

单击"确定"，等待连接成功，连接成功后如图14-24所示。

图14-24 移动终端远程连接Mind+成功

移动终端行空板负责接收并显示数据，按下按钮远程控制通风窗。

首先，完成服务器连接设置和主题订阅。然后，可以在行空板屏幕上合适的位置，添加提示文字和背景图片，加载图片如图14-25所示。最后，判断对应接收信息，更新显示内容。

图14-25 加载移动终端背景图片

移动终端行空板程序如图14-26所示。

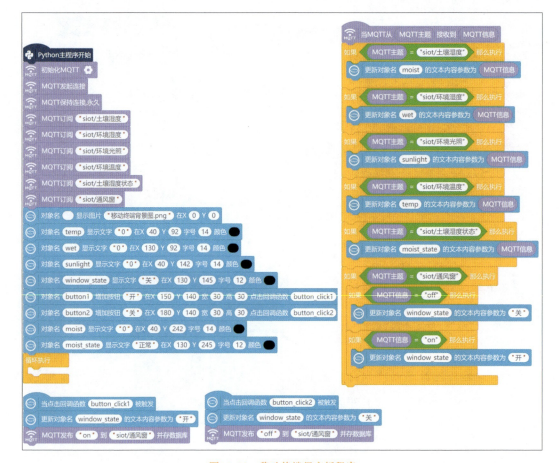

图14-26 移动终端行空板程序

> **注意:** 在初始化 MQTT 过程中，SIoT 服务器填入服务器行空板 IP 地址 "192.168.9.161"（见图 14-27）。

运行程序

　　确认服务器行空板已供电，并启用了 SIoT 服务，同时运行智能终端行空板和移动终端行空板的程序（见图 14-28）。

　　运行程序后，两个终端窗口均显示 "连接结果：连接成功"，表示均已成功连接 SIoT 服务器。

图14-27　设置移动终端程序的服务器IP地址

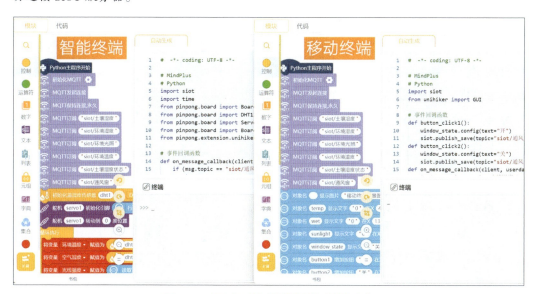

图14-28　同时运行智能终端和移动终端程序

　　服务器行空板和智能终端行空板的屏幕上不显示内容，移动终端行空板的屏幕如图 14-29 所示。

　　操作方式如下。

　　（1）点击 "开" 按钮，通风窗状态切换为 "开"，控制智能终端的舵机转动到 90° 位置。

　　（2）点击 "关" 按钮，通风窗状态切换为 "关"，控制智能终端的舵机转动到 0° 位置。

　　（3）智能终端的所有传感器数据，同步在移动终端行空板上显示，每隔 5s 更新一次。

图14-29　移动终端行空板屏幕

在服务器行空板的 SIoT 网页端，可以看到各个主题的数据。查看"siot/土壤湿度"中的数据如图 14-30 所示，勾选"自动刷新"，可以看到智能终端发送过来的土壤湿度数据。

编程知识

● 多行空板组建物联网

本课我们学习了用 3 个行空板搭建完整的物联网系统，包含智能终端、服务器和移动终端。

智能终端行空板一般会接入各类传感器和执行器，负责收集数据、控制执行器，一个物联网系统中可以有多个智能终端；移动终端行空板一般用来查看数据、远程控制执行器，一个物联网系统中可以有多个智能终端，它的种类多样，可以是行空板、计算机、手机等；服务器行空板负责存储、收/发数据，只要开启它自带的 SIoT 服务，同时上电即可。多行空板组建物联网示意如图 14-31 所示。

多行空板组建物联网的一般步骤（见图 14-32）为：配置网络，将所有物联网系统中的设备连入同一网段；开启服务器 SIoT 服务；SIoT 连接设置，订阅主题，收/发数据。

图14-30 查看"siot/土壤湿度"中的数据

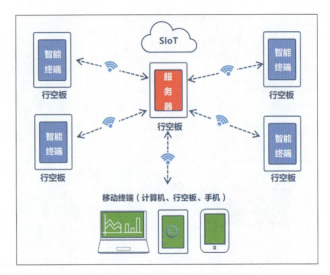

图14-31 多行空板组建物联网示意

图14-32 多行空板组建物联网的一般步骤

项目 3 校园物联网可视化界面

为了更好地呈现数据，让更多的学生可以方便地观察数据，使用 Mind+ 的可视化面板设计一个大屏显示器。

设计可视化界面

在智能终端或移动终端的任一 Mind+ 编程界面中，单击可视化面板按钮，打开可视化面板窗口，新建项目"14.3 校园物联网可视化界面"，如图 14-33 所示。

图14-33　新建校园物联网可视化界面项目

单击项目上的"编辑"，进入项目编辑界面。按图 14-34 设置服务器地址为"192.168.9.161"，单击"完成"。

在可视化编辑页面中，可以先在右侧的设置栏中设置画布大小、主题和封面，如图 14-35 所示。

接下来，我们以图 14-36 为例，设计大屏显示器。

图14-34　设置可视化面板连接的服务器IP地址

图14-35　设置项目画布属性

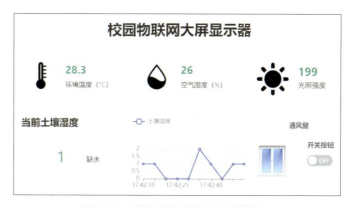

图14-36　校园物联网大屏显示器效果

大屏显示器各组件类型如图 14-37 所示。

图 14-37 中的大部分组件，我们在前面的项目中已学习，包括"文字""单行文字""标签文字""折线图""自定义开关"和"开关"组件。接下来，我们学习一下"图片文字"组件的使用方法。

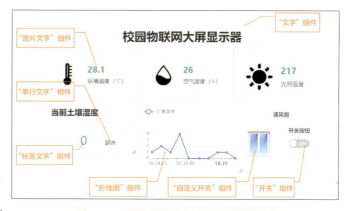

图14-37　校园物联网大屏显示器组件组成

拖出"图片文字"组件，参照图 14-38 修改组件属性。

"图片文字"组件的作用是，在显示指定主题数据的同时，显示一张静态图片。

接下来，大家可以添加其他组件，并在整个画面中添加一个白色色块作为背景，完成可视化界面设计。

单击项目名称下拉菜单中的"保存"，然后单击"全屏"查看整个可视化界面。单击通风窗开关，远程控制舵机转动。

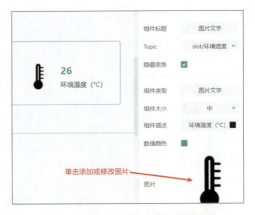

图14-38　修改"图片文字"组件属性

挑战自我

尝试为可视化界面增加温度、空气湿度、光照强度等更多信息。当然，你也可以参考图 14-39 所示的可视化界面效果，丰富完成自己的大屏显示器。

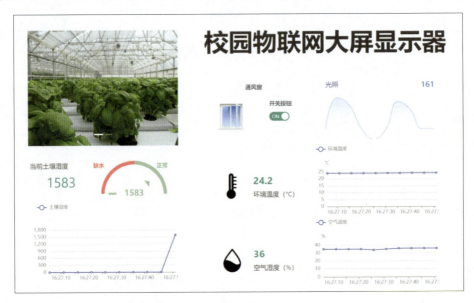

图14-39　挑战自我效果

第4章 人工智能实践应用

　　随着计算机技术和互联网的发展，人工智能技术正在不断地渗入我们的工作、生活、学习。语音识别、人脸识别、机器翻译等人工智能应用正在深刻地改变着我们的生活方式和思维模式。本章我们将结合摄像头和行空板自带的麦克风，从生活出发，设计人工智能项目，体验人工智能的不同实现方式，了解常见人工智能算法的一般流程。同时，学习用人工智能解决生活中的问题，感受人工智能的魅力。

第 15 课　AI 语音翻译机

你遇到过与外国人沟通交流时不知道如何表达的难题吗？本课我们就利用行空板制作一个 AI 语音翻译机，自动翻译你说的话，让你和外国人沟通无忧（见图 15-1）。

图15-1　AI语音翻译机示意

项目1　录制音频

按下行空板 A 键，对着麦克风录入语音，将录制的语音保存为录音文件。

> **注意：** 本课的材料清单、连接硬件和准备软件部分与第 1 课相同，这里不再赘述。

编写程序

行空板自带录音功能，可以在 Mind+ 中的"行空板"→"音频录放"分类下找到录音指令（见图 15-2）完成声音的录制。使用时，只要设置好录音时长和确定录音文件名就可以了。

图15-2　录音指令

按下行空板 A 键,即可对着麦克风录入一段 3s 的语音。按键录音程序如图 15-3 所示。

运行程序

运行程序,在行空板屏幕上会显示提示文字"按下 A 键,开始录制……"。先按下 A 键,3s 内对着麦克风说一句话,录制结束后,屏幕显示"录入完成!"。按键录音操作及效果如图 15-4 所示。

图15-3　按键录音程序

怎么查看录制好的录音文件呢?

音频文件"record.wav"被存放在行空板缓存文件夹中(见图 15-5),打开"文件系统"→"行空板中的文件

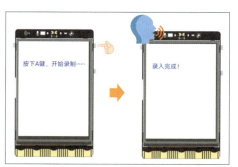

图15-4　按键录音操作及效果

图15-5　查找录音文件

"→"mindplus"→"cache",单击项目名称文件夹,找到录音文件"record.wav"。还可以将文件下载到本地计算机上,进行播放。

编程知识

● 指令回顾

接下来,我们对项目 1 所使用的指令进行回顾,见表 15-1。

表 15-1　项目 1 指令

指令	说明
	该指令用于录制语音,使用时需要写明录制时长及录音文件名

项目 2　语音识别

按下行空板 A 键,对着麦克风录入语音,然后将语音转为文字,显示在行空板屏幕上,效果示意如图 15-6 所示。

图15-6　语音识别效果示意

行空板联网

这里使用线上人工智能开放平台——讯飞开放平台，实现语音识别。使用时，需要将行空板连接无线网络。

1 打开行空板网页菜单。取出行空板，用 USB Type-C 接口数据线连接到计算机上。打开网页浏览器，输入"10.1.2.3"，打开行空板网页菜单。

2 连接 Wi-Fi。单击"网络设置"，在"连接 WiFi"栏单击"扫描"，寻找可以使用的无线网络，选择 Wi-Fi 名称并输入密码，单击"连接"，等待连接成功。

注册账号

使用讯飞开放平台时，需要先在平台上注册账号，然后创建应用，获取密钥。操作方式如下。

1 使用浏览器访问讯飞开放平台网站。

2 注册账号。单击"登录注册"，在打开的"手机快捷登录"页中输入手机号和验证码。

3 创建应用。登录成功后，单击右上角的"控制台"，进入应用界面，单击"创建新应用"。

4 填写应用信息，单击"提交"。

5 提交后，就可以在"我的应用"中看到刚才创建的应用了。

应用名称	APPID	分类	创建时间	状态	编辑
语 语音翻译机-行空板	988a1c33	应用-教育学习-学习	2022-11-01 13:11:16	○ 上次操作的应用	✎

6 获取密钥。单击进入应用，查看应用的密钥信息。

编写程序

获得账号和密钥信息后，就可以使用指令完成语音识别任务了。

讯飞语音识别的操作指令需要在"扩展"→"用户库"中，搜索"讯飞语音"（见图 15-7），单击加载"讯飞语音（Python）"库。

添加后，就可以看到图 15-8 所示的相关指令了。

图15-7　添加讯飞语音库

> **注意:** 首次使用"讯飞语音（Python）"库时，必须手动添加，若直接打开已添加好库的参考程序，运行时会报错。

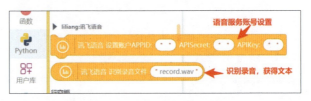

图15-8　讯飞语音相关指令

使用时，先拖出讯飞语音设置账户指令，如图 15-9 所示，填入讯飞应用中的对应信息，放在程序最开始部分。

然后将录音文件写入相关指令，就可以获得对应录音的文本内容了，为了方便使用，可以把识别的结果存放在变量里，程序如图 15-10 所示。

图15-9　填写讯飞应用中的相关信息

最后，项目中是通过按下行空板 A 键，开始录制并显示语音文本，但是若在有限时间内未录入语音，变量"识别内容"为空，我们可以添加一个文本提示"数据错误"，程序如图 15-11 所示。

图15-10　用变量记录识别结果程序

图15-11　判断"数据错误"程序

识别并显示语音内容程序如图 15-12 所示。

运行程序

运行程序，在行空板屏幕上会显示提示文字"按下 A 键，开始录制……"。先按下 A 键，3s 内对着麦克风说一句话，如"晚饭吃什么"。录制结束后，屏幕显示"录入完成！"。等待一会，屏幕显示语音识别结果。识别语音操作和效果如图 15-13 所示。

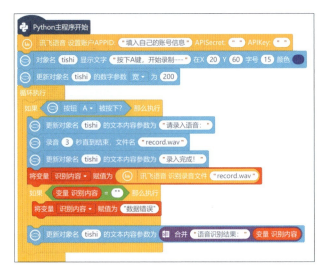

图15-12　识别并显示语音内容程序

图15-13　识别语音操作和效果

> **注意：** 项目运行时可能会出现报错（见表 15-2），可以按照对应方法解决，或者尝试断开、重新连接行空板。

表 15-2　错误信息及对应的解决方法

错误信息	解决方法
error: Handshake status 401 Unauthorized	行空板当前没有正确访问开放平台，此时需要更换行空板无线网络并等待一会，再重试
error: [Errno -3] Temporary failure in name resolution	无线网络连接有问题，需要检查或更换行空板无线网络

编程知识

● 语音识别技术

语音识别技术（Automatic Speech Recognition，ASR），也称为自动语音识别，是

让机器把语音信号转变为相应文本的人工智能技术，也就是让机器听懂人类语音的技术。

语音识别技术的基本工作流程如图 15-14 所示，将录入的语音进行数字化和预处理后，通过特征提取获得能够表征语言特点的声音特征向量，然后通过加入模型库进行模型匹配，获得概率最高的文本，输出最终结果。

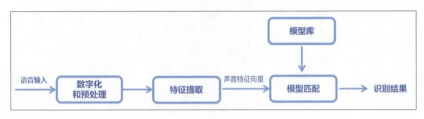

图15-14　语音识别技术工作流程

语音识别技术是人工智能技术重要的组成部分，市面上有不少的人工智能开放平台提供了相关的技术引擎，供大家使用。

● 指令回顾

接下来，我们对项目 2 所使用的指令进行回顾，见表 15-3。

表 15-3　项目 2 指令

指令	说明
讯飞语音 设置账户APPID: APISecret: APIKey:	该指令用于设置讯飞语音服务。使用时，需要写明账号、密码和密钥
讯飞语音 识别录音文件 "record.wav"	该指令用于获得录音文件的识别文本。使用时需要写明要识别的录音文件

项目 3　翻译文字

按下行空板 A 键，对着麦克风录入语音，显示语音识别结果；按下 B 键，显示英文译文。AI语音翻译机目标效果如图 15-15 所示。

语音识别结果：晚饭吃什么

文字翻译结果：What is for dinner

注册账号

这里使用百度翻译开放平台实现文字翻译。使用百度翻译开放平台时，同样需要注册账号，获取密钥。

图15-15　AI语音翻译机目标效果

1 打开百度翻译开放平台。

2 注册账号。单击"登录"→"立即注册"，完成账户注册。

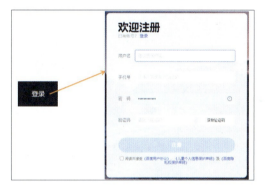

3 开通服务。登录成功后，单击"产品服务"，选择"通用文本翻译"，单击"立即使用"，按照提示开通免费的翻译资源，申请过程可能需要实名认证。

4 进入应用信息填写部分，填写完毕后，单击"提交申请"，即可完成免费翻译应用的开通。

5 创建成功后会显示目前翻译资源使用的情况。

6 获取密钥。单击"开发者信息"→"申请信息"，获取账号（APP ID）和密钥信息。

编写程序

获得账号和密钥信息后，就可以使用指令完成文字翻译任务了。

百度翻译开放平台的操作指令在"扩展"→"用户库"中，搜索"百度翻译"（见图15-16），单击加载"百度翻译（Python）"库。

> **注意:** 首次使用"百度翻译(Python)"库时，必须手动添加，若直接打开已添加好库的参考程序，运行时会报错。

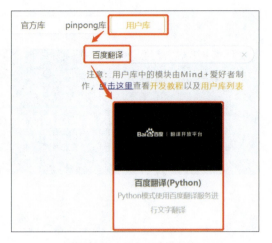

图15-16 添加百度翻译库

添加后，就可以看到图 15-17 所示的相关指令了。

使用过程中，先使用设置百度翻译账号ID 和密钥指令，然后使用翻译指令，完成内容翻译，如图 15-18 所示。

图15-17 百度翻译相关指令

图15-18 百度翻译指令使用说明

现在，回到我们的任务——翻译识别出的内容，也就是在完成账号设置以后，将变量"识别内容"放进翻译指令的"hello"部分即可。

AI 语音翻译机程序如图 15-19 所示。

运行程序

运行程序，在行空板屏幕上会显示提示文字。先按下 A 键，3s 内对着麦克风说一句

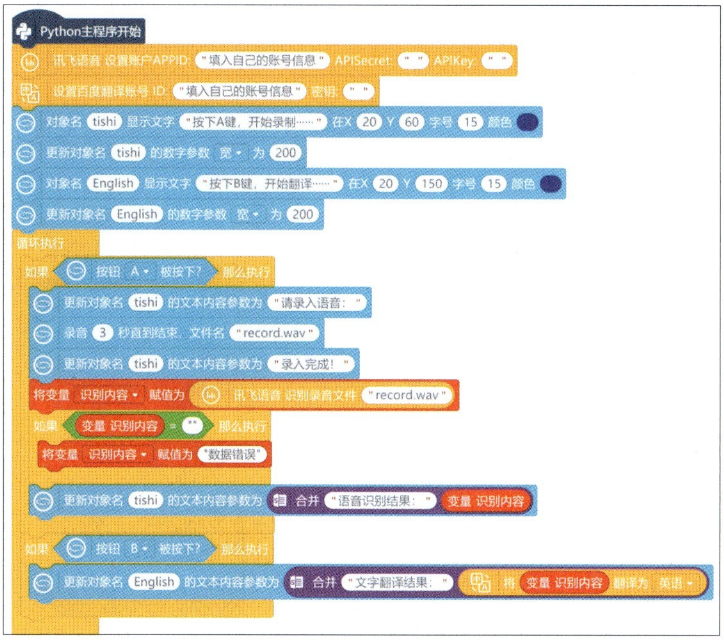

图15-19　AI语音翻译机程序

话，如"晚饭吃什么"，屏幕显示语音识别结果。再按下 B 键，屏幕显示翻译结果。操作及效果如图 15-20 所示。

编程知识

● 机器翻译技术

机器翻译（Machine Translation，MT）是将一种自然语言翻译成另一种自然语言的技术。

机器翻译的工作流程如图 15-21 所示，对原文句子进行分词、删除、整理等预处理得到一系列短语序列，然后将它们输入翻译模型转化成译文序列，最后再进行拼接、特殊符号处理等后处理，得到符合人类阅读习惯的文本译文。

图15-20　语音翻译机操作及效果

图15-21　机器翻译工作流程

在机器翻译的工作流程中，最核心的部分——翻译模型，其有很多种建立方法，目前最为常用的方法是基于神经网络的机器翻译方法，如果你感兴趣的话，不妨自己研究一下吧。

● 指令回顾

接下来，我们对项目 3 所使用的指令进行回顾，见表 15-4。

表 15-4 项目 3 指令

指令	说明
 设置百度翻译账号 ID：密钥：	该指令用于百度翻译服务设置。使用时，需要写明账号和密钥
将 "你好" 翻译为 英语 韩语 泰语 葡萄牙语 希腊语 法语 阿拉伯语	该指令用于将指定文本翻译成其他语言。使用时需要写明要翻译的内容，选择翻译成什么语言

图15-22 将文字翻译为韩语效果

挑战自我

尝试修改程序，将文字翻译为韩语，效果如图 15-22 所示。挑战自我核心程序如图 15-23 所示。

图15-23 挑战自我核心程序

拓展项目 多语言语音翻译机

尝试设计一个多语言语音翻译机，为其设计界面和提示语，可以参考图 15-24。设置一个可以点击切换转换语言的按钮或图片，如"中文"后的箭头图标，让翻译机可以翻译更多语言。

核心程序如图 15-25 所示。

图15-24 多语言翻译机操作及效果

图15-25 多语言语音翻译机核心程序

第16课　AI行人交通电子眼

在很久之前，"斑马线上的电子警察"就正式上岗了，主要用于抓拍不礼让行人的机动车辆。当然驾驶员都表示愿意主动礼让行人。有驾驶员说出了自己的顾虑，比如有时行人过马路打电话、看手机、闯红灯。遇到这种情况，如何才能保证机动车辆和行人都能够有序通过呢？

本课我们使用行空板、摄像头、运动传感器制作一款 AI 行人交通电子眼，效果如图 16-1 所示。AI 行人交通电子眼作为监督行人过斑马线的"电子警察"，24 h 监管过马路的行人，帮助行人文明出行。

图16-1　AI行人交通电子眼效果

项目1　人体感应控制摄像头拍照

当运动传感器检测到有行人时，就用摄像头对行人进行抓拍，并将抓拍照片显示在行空板上，人体感应控制摄像头拍照效果如图 16-2 所示。

连接硬件

● 硬件清单

项目制作所需要的硬件清单见表 16-1。

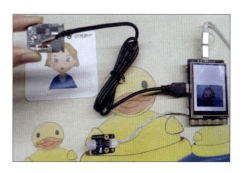

图16-2　人体感应控制摄像头拍照效果

表 16-1　硬件清单

序号	元器件名称	数量
1	行空板	1 块
2	USB Type-C 接口数据线	1 根
3	摄像头（带连接线）	1 个
4	运动传感器	1 个
5	两头 PH2.0-3Pin 白色硅胶线	若干

● **硬件接线**

将摄像头连接到行空板的 USB Type-C 接口，将运动传感器连接到行空板 P24 引脚（见图 16-3）。硬件连接成功后，使 USB Type-C 接口数据线将行空板连接到计算机。

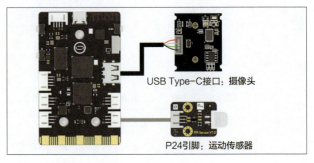

USB Type-C接口：摄像头

P24引脚：运动传感器

图16-3　项目硬件接线示意

> **注意：** 本课准备软件部分与第 1 课相同，这里不再赘述。

编写程序

摄像头可以用来拍摄图片或视频，还可以辅助实现图像识别等功能。

怎么控制摄像头呢？控制摄像头需要加载 OpenCV 库，操作方法如图 16-4 所示。单击"扩展"，在"官方库"中找到并单击加载"OpenCV"库。单击"返回"，在指令区中可以看到 OpenCV 相关指令，表示加载成功。

图16-4　加载OpenCV库

要实现控制摄像头拍照功能，先要用图 16-5 中框出的创建对象指令，创建一个名为 vd 的视频捕获对象。

图16-5　创建视频捕获对象

对象创建成功后，使用打开视频\设备指令（见图 16-6），打开摄像头。

开始拍照之前，需要检查摄像头是否初始化完成，实现程序如图 16-7 所示。

摄像头成功打开后，判断运动传感器检测到是否有人。如果有人，即 P24=1，使用从 VideoCapture 对象中抓取下一帧指令（见图 16-8），抓拍一张摄像头中的画面。使用保存图片指令，将名为"Mind+.png"的图片保存在行空板系统文件中。

图16-6　打开摄像头

图16-7　检查摄像头是否初始化完成

图16-8　拍摄并保存图片

照片拍摄成功后，将其显示在行空板上。我们从素材文件夹中任意导入一张图片到文件系统，作为初始图片显示，如图 16-9 所示。

图16-9　从素材文件夹选择图片并导入文件系统

　　使用显示图片和更新数字参数指令，将导入的"图片 .png"显示在行空板上，如图 16-10 所示。

　　现在行空板上显示的是素材库中的图片，怎样才能将摄像头拍摄的图片显示在行空板上呢？使用更新图片指令，更新图片源为摄像头拍摄的图片"Mind+.png"即可。人体感应控制摄像头拍照程序如图 16-11 所示。

图16-10　设置初始图片显示指令　　　　图16-11　人体感应控制摄像头拍照程序

运行程序

　　运行程序，在行空板屏幕上会显示初始图片，检测到有行人时，行空板上实时显示摄像头拍摄的图片，效果如图 16-12 所示。

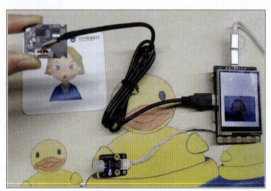

图16-12　人体感应控制摄像头拍照效果

编程知识

● 使用计算机访问行空板系统文件

　　摄像头拍摄的照片都存储在行空板中，我们可以使用计算机访问行空板系统文件，查看或下载图片。操作步骤如下。

1 开启行空板文件共享功能。长按行空板的 HOME 键进入菜单页，单击 "3- 应用开关"，检查文件共享功能是否开启，如果显示 "已禁用"，单击文件共享选项，切换文件共享状态为 "已启用"。

2 配置计算机。方法 1：在计算机桌面上，找到 "此电脑" 并双击打开。在地址栏输入行空板的 IP 地址，格式为 "\\IP 地址 \"。例如输入 "\\10.1.2.3\"，按 Enter 键，打开行空板系统文件夹。

方法 2：使用 Win+R 组合键打开 "运行" 窗口，输入 IP 地址，如 "\\10.1.2.3\"，单击 "确定" 按钮，打开行空板系统文件夹。

在行空板系统文件夹中，有 media 和 root 文件夹。其中，root 文件夹为行空板板载的内存空间；media 文件夹为行空板外部连接的硬盘空间，给行空板插上 SD 卡或通过 USB 接口连接硬盘后，相关文件会自动挂载在这个文件夹下。

③ 查看保存到行空板的图片。双击 root 文件夹，会提示输入访问账号和密码。输入对应的账号和密码后（账号：root；密码：dfrobot），单击"确定"按钮进入行空板的 root 文件夹。

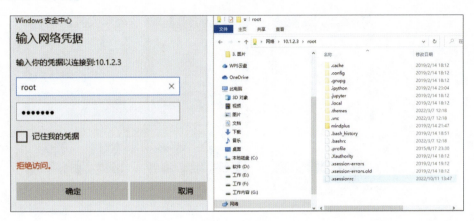

④ 在文件夹列表中，找到 mindplus 文件夹，打开 cache 文件夹，找到本项目程序文件"16.1 人体感应控制摄像头拍照 .mp"，即可看到"图片.png"和"Mind+.png"这两张图片。

● 指令回顾

接下来，我们对项目 1 所使用的指令进行回顾，见表 16-2。

表 16-2　项目 1 指令

指令	说明
创建VideoCapture对象 vd	该指令用于给摄像头创建一个对象
使用VideoCapture对象 vd 打开视频\设备 0	该指令用于打开摄像头，或者用于打开本地视频文件
使用VideoCapture对象 vd 是否初始化完成	该指令用于判断摄像头是否完成初始化
从VideoCapture对象 vd 中抓取下一帧 grab 以及状态 ret	该指令用于从摄像头画面中抓取一帧画面
保存图片 grab 到 "Mind+.png"	该指令用于将抓取的一帧画面保存为图片

硬件知识

● 摄像头

本课用到的摄像头是一款免驱动的摄像头，只要将摄像头插入 USB 接口，它就可以工作。

摄像头是如何工作的呢？下面简单地了解一下摄像头的工作原理。景物通过镜头生成图像，图像被投射到摄像头内部的图像传感器上，经过加工处理，变成图片文件。摄像头通过 USB 接口将图片文件传输到行空板上。图片可以在行空板屏幕上显示，也可以被下载到计算机上进行查看，摄像头工作原理如图 16-13 所示。

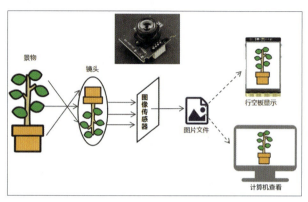

图16-13　摄像头工作原理

项目 2　显示交通信号灯

在行空板上，根据倒计时，切换显示红灯、黄灯、绿灯，显示交通信号灯效果如图 16-14 所示。

编写程序

在开始编程之前，先来分析一下这个任务中具体要实现哪些功能。首先需要设计一个简单的界面，然后完成交通信号灯的显示，最后根据倒计时完成红灯、黄灯、绿灯的切换，交通信号灯界面显示内容分析如图 16-15 所示。

图16-14　显示交通
信号灯效果

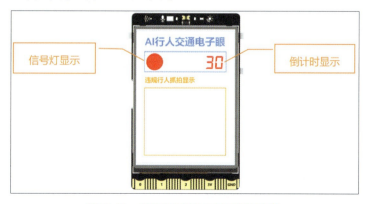

图16-15　交通信号灯界面显示内容分析

● 设计界面

为了简化程序，我们将界面中的方框和不需要变化的文字制作成了一张背景图，如图 16-16 所示。要设计行空板显示界面，先将素材文件夹中的图片加载到项目中。

图16-16　加载项目所需图片

在 Python 主程序开始指令下，使用显示图片指令，将背景图片显示在行空板上。使用显示填充圆形指令，先将代表红灯的圆形填充为红色，将代表黄灯和绿灯的圆形填充为白色，程序如图 16-17 所示。

在交通信号灯的右侧有一个倒计时的显示。使用显示仿数码管字体指令（见图 16-18），设置显示内容为 30，显示颜色为红色。

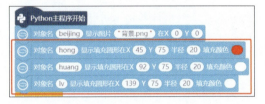

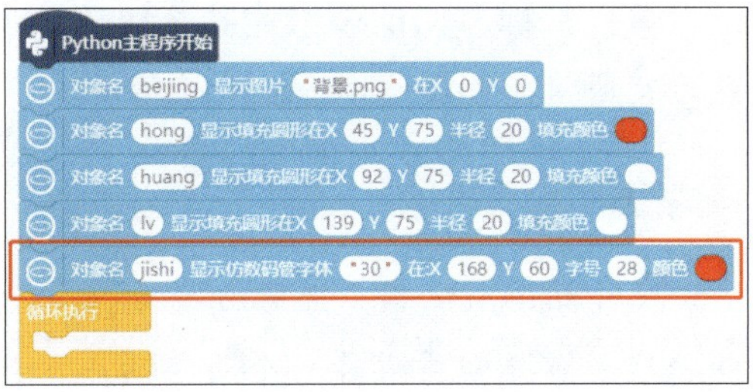

图16-17　设置交通信号灯显示程序

● 切换显示交通信号灯

如何切换显示交通信号灯呢？我们可以新建 3 个函数。新建函数的操作方法如图 16-19 所示，单击模块中的"函数"，然后单击"自定义模块"，修改函数名为"红灯"，单击"完成"，即可完成红灯函数的创建。

图16-18　初始倒计时显示设置

图16-19　新建红灯函数

我们需要新建3个函数：红灯函数、绿灯函数和黄灯函数（见图16-20）。

图16-20　新建3个函数

3个函数的具体定义程序如图16-21所示。

信号灯的颜色如何切换呢？可以在循环执行指令中通过调用红灯、绿灯函数来实现。以30s的时间为例（见图16-22），先调用红灯函数，等待30s后，调用绿灯函数，等待30s。实现红灯亮30s后，切换为绿灯；绿灯亮30s后，切换为红灯。

图16-21　定义3个函数

图16-22　切换信号灯颜色程序

● 倒计时

在实际生活中，交通信号的等待时间会以倒计时的形式出现。接下来，将程序中的等待30s指令，改为倒计时显示。这里使用for循环指令实现，for循环指令的作用是实现指定次数的循环，具体的参数介绍如图16-23所示。

图16-23　for循环指令

使用for循环指令，设置变量my variable的范围为1~30，步长为-1。然后使用更新文本内容参数指令，for循环实现倒计时程序如图16-24所示。

图16-24　for循环实现倒计时程序

倒计时还剩5s时，将红灯切换黄灯。使用如果……那么执行指令，判断变量my variable<6是否成立，当其小于6时，就调用黄灯函数，如图16-25所示。

下面，我们用同样的方式，实现绿灯的倒计时显示吧！

图16-25　显示黄灯程序

交通信号灯显示程序如图 16-26 所示。

运行程序

运行程序，在行空板屏幕上会先显示红灯和 30s 倒计时，然后显示黄灯和 5s 倒计时，接着显示绿灯和 30s 倒计时，最后显示黄灯和 5s 倒计时。如此循环往复，实现红灯 — 黄灯 — 绿灯 — 黄灯的切换，效果如图 16-27 所示。

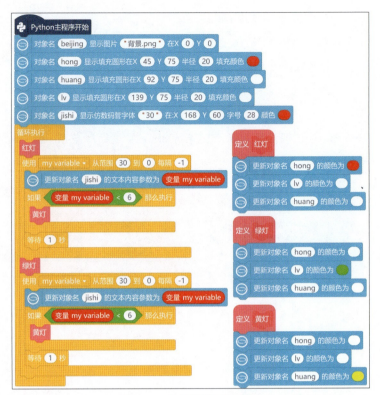

图16-26　交通信号灯显示程序

图16-27　交通信号灯显示效果

编程知识

● 自定义函数

什么是函数？在第 3 课中我们讲过，在 Python 中，函数是实现特定功能的、可重复使用的代码块。函数是编程中的一个基本概念，用于将复杂的任务分解为更小、更易于管理的代码片段。

在编写程序时，我们可以自定义函数，也就是将一段经常使用的程序封装起来，在需要使用这个程序的位置调用这个函数即可。自定义函数可以被多次调用，这样做可以减少重复的程序，提高编程效率。

● for 循环

在程序中，我们使用了 for 循环指令（见图 16-28）。为什么这条指令叫 for 循环呢？因为该指令生成的 Python 程序中，有关键词 for，因此称为 for 循环。

图16-28　for循环指令

这条循环指令的实现原理是什么呢？该指令调用了 Python 内置的 range() 函数，创建一个整数序列。指令中，需要设置 3 个参数：开始值、停止值和步长。这个指令可以实现从开始值循环计数，一旦到达停止值（不包括停止值）就立刻退出循环。

也就是说，这个循环指令是按照变量 my variable 的变化来控制循环次数的。for 循环指令中变量的变化如图 16-29 所示。

图16-29　for循环指令中变量的变化

什么是 range() 函数？我们将这条指令结合 Python 程序来分析，my variable 是变量，range() 是函数，range 表示在指定范围内，产生等间隔排列的整数集合。

例如，设定开始值（1）、停止值（9）和步长（2），range（1,9,2）就表示 1 开始计数，每次增加 2（步长），到 8（停止值 -1）为止，依次取整数，最终得到 {1、3、5、7} 这样的整数集合。放在 for 循环里，就是控制 my variable 依次在这个集合里取值。

● Python中的循环语句小结

Python 中，除了 for 循环还有 while 循环。在 Mind+ 中，有 5 种不同的循环指令。接下来，结合它们生成的 Python 程序（见图 16-30），来进一步了解这几种循环指令的用法。

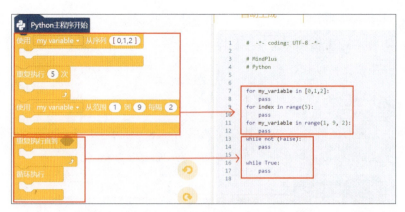

图16-30　5种不同的循环指令

我们发现前 3 条循环指令生成的 Python 程序中都有关键词 for，后 2 条循环指令生成的 Python 程序中都有关键词 while。在 Python 程序中，循环结构可以分为 for 循环和 while 循环两大类。循环结构指令及说明见表 16-3。

表 16-3　循环结构指令及说明

循环结构	图形化指令	Python 程序	说明
for 循环		for my_variable in range(1, 10): pass	该指令用于控制循环次数，通过变量 my variable 的变化来控制循环的次数。 变量 my variable 从开始值（1），每次递增步长（1），直到变量 my variable 到达停止值时（变量范围不包括停止值），循环结束
		for my_variable in [0,1,2]: pass	该指令可以让列表、元组、字符串中的每个元素都执行一次，然后在指令中对每个元素都进行访问和操作
		for index in range(5): pass	该指令的作用是指定指令下的语句执行多少次
while 循环		while not (False): pass	该指令执行过程是，先判断"直到"后面的条件是否满足，如果满足就停止执行"重复执行"里的语句
		while True: pass	该指令的作用是让 Python 主程序开始后，程序一直保持运行状态，属于一种特殊的死循环

● 指令回顾

接下来，我们对项目 2 所使用的指令进行回顾，见表 16-4。

表 16-4　项目 2 指令

指令	说明
定义　红灯	该指令定义一个名为"红灯"的函数
红灯	该指令指函数调用
使用 my variable ▾ 从范围 (1) 到 (10) 每隔 (1)	该指令用于控制循环次数，通过变量 my variable 的变化控制循环的次数。 变量 my variable 从开始值（1），每次递增步长（1），直到变量 my variable 到达停止值时（变量范围不包括停止值），结束循环

项目 3　AI 行人交通电子眼

制作 AI 行人交通电子眼，当交通信号灯为红灯时，如果运动传感器检测到斑马线上有行人，使用摄像头拍照，并将照片显示在行空板上，效果如图 16-31 所示。

图16-31　AI行人交通电子眼效果

编写程序

项目 1 实现了人体感应控制摄像头拍照，项目 2 实现了根据倒计时切换交通信号灯。AI 交通电子眼其实就是项目 1 和项目 2 的结合。在项目 2 的基础上，修改完善程序即可。

使用创建 vide 对象指令、打开视频 \ 设备指令、初始化完成指令，对摄像头进行初始化，程序如图 16-32 所示。

图16-32　摄像头初始化程序

红灯时，运动传感器检测到有行人，摄像头就拍照。摄像头拍照的程序需要与红灯倒计时程序同时执行，如何实现呢？这里可以借助多线程来解决。

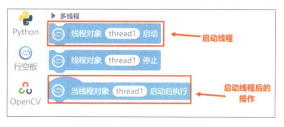

图16-33　行空板多线程指令

多线程常被用来实现某段时间多个功能同时运行。在"行空板"的"多线程"分类下，找到图 16-33 所示的指令。

在调用红灯函数下启动线程，具体位置如图 16-34 所示。

在当线程启动后执行指令下，使用

图16-34　启动线程放置位置

如果……那么执行指令，判断运动传感器检测是否有人（即读取引脚 P24 是否为 1）。如果有人，抓拍一张摄像头中的画面，并使用保存图片指令，将图片保存到行空板本地文件中（见图 16-35）。

在调用绿灯函数下使用线程停止指令（见图 16-36）。避免在绿灯时拍摄行人图片。

要让拍下来的违规行人照片显示在行空板上，在 Python 主程序开始指令下，使用显示图片指令与更新数字参数指令，设置图片的显示位置。在线程中使用更新图片指令，更新图片为"Mind+.png"。AI 行人交通电子眼程序如图 16-37 所示。

图16-35　在线程中设置拍照并保存图片

图16-36　绿灯停止线程

运行程序

运行程序，行空板屏幕上每隔 30s 切换一次交通信号灯显示方式。在红灯时，如果斑马线上的运动传感器检测到有违规行人，就对行人进行抓拍，并将抓拍照片显示在行空板上。

编程知识

● 多线程

在学习多线程的概念前，我们先来了解什么是线程和单线程。

什么是线程？线程是指程序中执

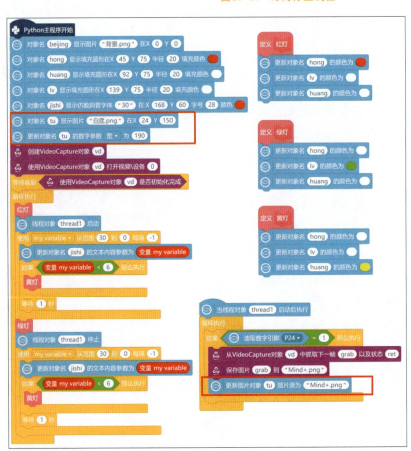

图16-37　AI行人交通电子眼程序

行的任务，这里的任务是指一系列有先后执行顺序的语句。

什么是单线程？当一个程序中，只执行一个任务时，通常我们说这个程序是单线程的。

什么是多线程？当一个程序中，需要同时执行多个任务时，就需要使用多线程来同时完成多个子任务。我们可以称主程序为主线程，其他程序为子线程。

单线程和多线程的简单执行流程如图16-38所示。

为帮助理解单线程和多线程，你可以类比在家做饭。当只有一个灶台时，你需要先完成蒸鸡蛋，然后再炒菜，两个菜只能按顺序制作，这就是单线程。当有两个灶台时，你可以在蒸鸡蛋的同时完成炒菜任务，这就是两个线程同时运行。

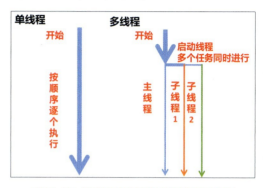

图16-38 单线程和多线程的简单执行流程

行空板与线程操作相关的指令有3个，位于"行空板"的"多线程"分类下。行空板多线程相关指令如图16-39所示。

● 指令回顾

接下来，我们对项目3所使用的指令进行回顾，见表16-5。

图16-39 行空板多线程相关指令

表16-5 项目3指令

指令	说明
线程对象 thread1 启动	该指令用于生成一个线程对象。使用时，只需要将其放置在需要同时运行的程序部分，就可以启动该线程
线程对象 thread1 停止	该指令用于停止指定的线程。使用时，需要写明停止的线程对象名
当线程对象 thread1 启动后执行	该指令用于定义线程对象启动后，要执行的操作。使用时，需要写明启动的线程对象名

第 17 课　AI 门禁安全监控

随着科技的进步，越来越多的场所会使用人脸识别技术管理人员进出，防止外来人员进入。我们也来试试用行空板制作一个 AI 门禁安全监控系统（见图 17-1），体验一下人脸识别的奇妙吧！

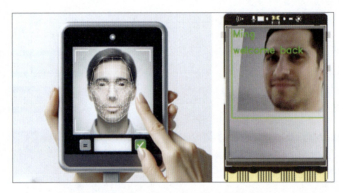

图17-1　人脸识别与AI门禁安全监控效果

项目 1　摄像头采集图片

行空板显示摄像头画面，按下 A 键，控制摄像头拍摄人脸图片（见图 17-2），并存入指定文件夹中。建立人脸图片数据集，以便于后面使用。

连接硬件

● 硬件清单

项目制作所需要的硬件清单见表 17-1。

图17-2　摄像头拍摄图片

注：本课人脸图像为 AI 合成。

表 17-1　硬件清单

序号	元器件名称	数量
1	行空板	1 块
2	USB Type-C 线接口数据	1 根
5	摄像头（带连接线）	1 个

● 硬件接线

将摄像头连接到行空板的 USB 接口（见图 17-3）。硬件连接成功后，使用 USB Type-C 接口数据线将行空板连接到计算机。

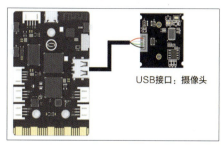

USB接口：摄像头

图17-3　硬件接线示意

> **注意：** 本课准备软件部分与第 1 课相同，这里不再赘述。

编写程序

实现 AI 门禁安全监控中的人脸识别，就像我们日常生活中使用人脸解锁手机，需要先采集人脸信息。

先来分析一下，如何实现项目功能。首先，行空板上没有人脸识别库，使用时需要先安装相关人脸识别库。然后，在用户库中加载相关图形化指令。最后，编程实现功能。

● 安装库

本项目需要在行空板上安装 OpenCV 库，安装方法如下。

1 首先，确保计算机和行空板联网。然后，单击"代码"，切换到代码模式，单击"库管理"。

2 在"PIP 模式"下输入"pip install opencv_contrib_python"，单击"运行"后等待安装成功。

3 如果因为网络问题安装失败，可以选择本地安装。在本课素材库文件夹中找到"face_recognition"文件夹，并将该文件夹拖入"行空板中的文件"。

> **注意:** 人脸识别库只需要安装一次即可。如果行空板上已经安装了 OpenCV 库，再次运行安装程序时，会出现警告和报错，这不影响库的使用。

4 切换到代码模式，运行文件夹中的"1-Install_dependency.py"文件，等待安装完成即可。

● **加载用户库**

怎么编程实现人脸识别呢？需要加载人脸识别库，单击"扩展"，在"用户库"中搜索"人脸识别"，单击加载"人脸识别"库。单击"返回"，在指令区可以看到相关指令，表示加载成功，如图 17-4 所示。

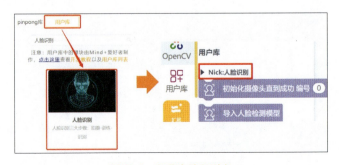

图17-4 加载人脸识别库

注意： 如果出现图 17-5 所示的提示，单击"取消"即可。

● 录入人脸图片

添加好人脸识别库以后，我们就可以使用相关指令控制摄像头录入人脸图片了。首先，使用图 17-6所示的指令 初始化摄像头。

图17-5　提示窗口

图17-6　初始化摄像头

注意： 指令中编号为摄像头编号，默认为 0，不是人脸识别编号，不需要修改。

在采集人脸图片过程中，只有当摄像头画面中有人时，才开始拍照采集图片，因此使用图 17-7 所示的指令完成人脸检测和录入。

图17-7　录入人脸图片指令参数介绍

需要说明的是，指令中录入人脸图片越多，识别效果越准确，但是在训练时，生成人脸模型需要的时间也越久。人脸 ID 编号是为了标记每次录入的人脸图片，不同的人应该填写不同的编号。

现在我们就可以使用程序控制摄像头来完成第一张人脸图片的学习了。程序如图 17-8 所示。

图17-8　摄像头采集人脸图片程序

运行程序

运行程序，采集人脸图片的操作和效果如图 17-9 所示。

图17-9 采集人脸图片的操作和效果

开始运行程序时，在行空板屏幕上会显示一道黑杠；按下 A 键，屏幕显示摄像头画面；将摄像头对准要识别的人脸，屏幕会显示"shooting"和 ID 编号 0；对准人脸后，摄像头会自动拍摄 50 张人脸图片，终端输出拍摄的图片数量，50 张图片拍完后，程序自动停止运行。

怎么查看采集的图片呢？可以参考第 16 课项目 1 中介绍的"计算机访问行空板系统文件"方法，在程序设置的路径"/root/face_recognition/picture"中查看对应编号的人脸图片。编号为 0 的人脸图片位置如图 17-10 所示。

图17-10 编号为0的人脸图片位置

编程知识

● 指令回顾

接下来，我们对项目 1 所使用的指令进行回顾，见表 17-2。

表 17-2 项目 1 指令

指令	说明
初始化摄像头直到成功 编号 0	该指令用于初始化摄像头，默认摄像头设备编号为 0
导入人脸检测模型	该指令用于导入人脸检测模型
等待直到按下 按键A 保存 50 张人脸图片到文件夹 路径 "/root/face_recognition/picture" 人脸ID编号 0	该指令用于通过按下行空板 A/B 键，控制摄像头录入人脸图片，并将图片存入路径描述的文件夹。使用时需要写明录入图片数目和当前录入图片的 ID

挑战自我

尝试修改程序，改变人脸 ID 编号，学习更多人脸图片，例如图 17-11 所示的人脸。每次运行只能学习一张人脸，需要设置连续 ID。

使用指令如图 17-12 所示。

图17-11 其他人脸图片示例

等待直到按下 按键A ▾ 保存 50 张人脸图片到文件夹 路径 " /root/face_recognition/picture " 人脸ID编号 1

图17-12 学习其他人脸图片指令

项目 2 训练人脸识别模型

基于项目 1 采集人脸图片训练人脸识别模型，得到模型文件。

编写程序

训练人脸识别模型只需要两步，导入人脸图片训练模型和保存模型，使用指令如图 17-13 所示。

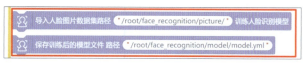

图17-13 训练人脸识别模型相关指令

训练人脸识别模型程序如图 17-14 所示。

图17-14 训练人脸识别模型程序

运行程序

运行程序，开始训练人脸模型，直到终端显示图 17-15 所示的"训练完成"，表示人脸模型成功训练并保存在行空板中。

图17-15 人脸模型训练完成的提示

在程序设置的路径 "/root/face_recognition/model" 中，可以查看模型文件 "model.yml"，如图 17-16 所示。

图17-16　查看模型文件

编程知识

● 指令回顾

接下来，我们对项目 2 所使用的指令进行回顾，见表 17-3。

表 17-3　项目 2 指令

指令	说明
导入人脸图片数据集路径 "/root/face_recognition/picture/" 训练人脸识别模型	该指令用于读取人脸图片，训练产生人脸识别模型
保存训练后的模型文件 路径 "/root/face_recognition/model/model.yml"	该指令用于将训练好的人脸模型存入指定的路径

项目 3　摄像头识别人脸

行空板屏幕显示摄像头画面，基于项目 2 训练好的人脸识别模型，识别人脸。如果是家人，屏幕显示"welcome back"；如果是陌生人，屏幕显示"please leave"，具体效果如图 17-17 所示。

图17-17　摄像头识别人脸效果

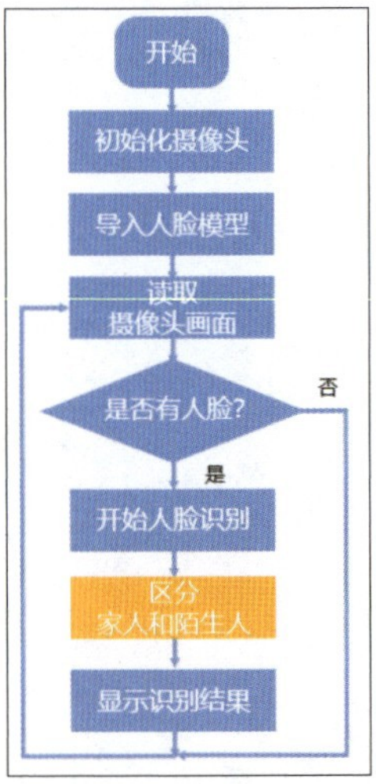

编写程序

先来分析一下人脸识别的实现过程。

首先，做好准备工作，也就是初始化摄像头，导入人脸模型。然后读取摄像头画面，当检测到有人脸后开始人脸识别，区分家人和陌生人。最后，显示识别结果。整个过程的程序流程如图 17-18 所示。

在人脸识别库中，按照流程中的流程块依次找到对应指令，完成程序如图 17-19 所示。

通过这个程序，行空板已经可以实现人脸识别了。那么，如何区分家人和陌生人呢？

图17-18　人脸识别程序流程

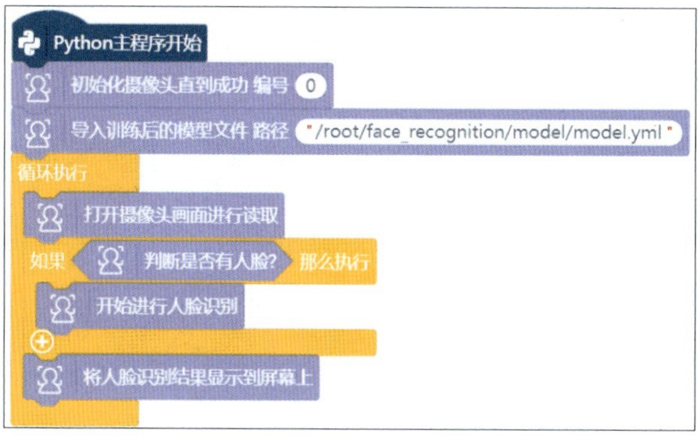

![图17-19 人脸识别程序]

图17-19　人脸识别程序

使用识别结果的置信度来区分。置信度表示画面中的人脸是某个已学习的人脸的可能性，数值越大就越有可能是家人。我们使用图17-20所示的指令判断是否为家人。

判断结果用文字来提示，指令使用方法如图17-21所示。

摄像头识别家人和陌生人程序如图17-22所示。

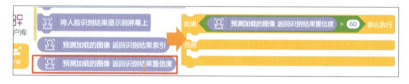

图17-20　使用置信度区分家人和陌生人

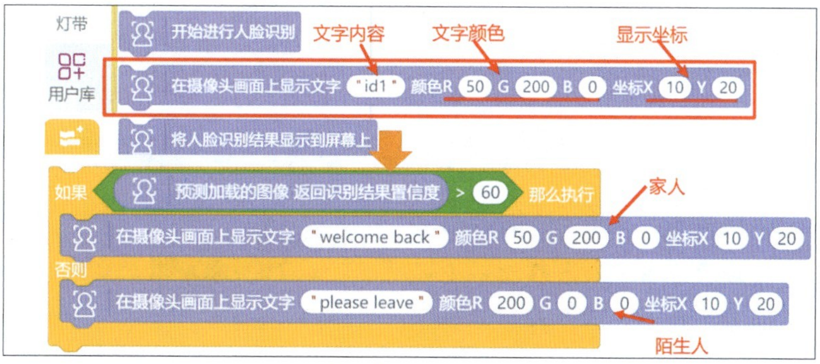

图17-21　在摄像头画面显示文字提示

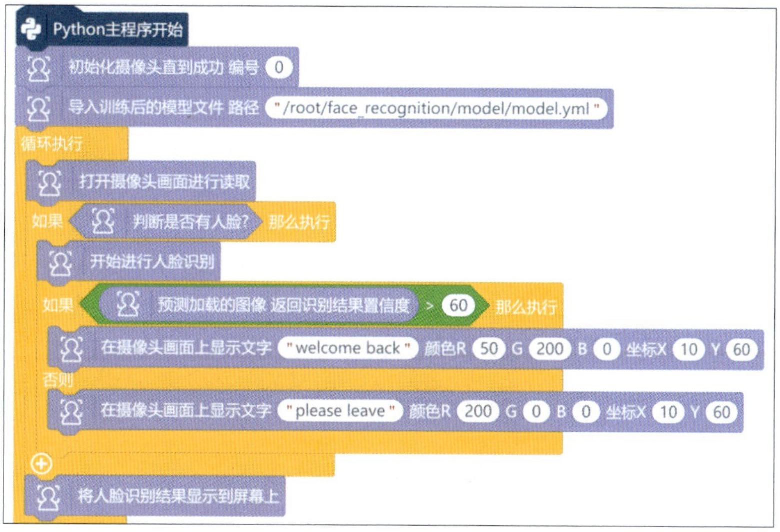

图17-22　摄像头识别家人和陌生人程序

运行程序

运行程序，行空板屏幕显示摄像头画面。当识别到人脸时，屏幕会用绿框框出人脸。如果是家人，屏幕显示"welcome back"（见图17-17左侧）；如果是陌生人，屏幕显示"please leave"（见图17-17右侧）。

编程知识

● 人脸识别技术

人脸识别是基于人的脸部特征信息进行身份识别的一种生物识别技术，简单来说，就是对人脸图像进行判断，并识别出其对应人的信息的过程。人脸识别的工作原理和流程与我们日常生活中"认出迎面走过来的朋友"很类似，我们一起来看一看吧。

"认出迎面走过来的朋友"（见图17-23）可以拆分成两个部分，即我原来认识这个朋友和我认出了她，前者发生在过去，后者发生在现在。在人脸识别技术中，这两个部分分别对应着训练和识别。

训练，其实就是帮助计算机先去认识这个人。计算机并不能像人类的大脑一样可以很容易地记忆人脸图像，它"认识"人脸需要使用一定数量的图片学习并通过特殊的处理形成用于识别的模型。就像在本项目中，利用摄像头采集人脸图片，然后学习生成人脸模型。它是人脸识别技术的准备工作，也是人脸识别任务的基础，如图17-24所示。

图17-23　认出迎面走过来的朋友

识别，就是让计算机应用人脸模型，去查找匹配检测到的人脸与学习过的哪个人脸最相似，进而获得最终的识别结果。识别操作流程如图17-25所示。

图17-24　采集和训练是人脸识别任务的基础

图17-25　识别操作流程

● 指令回顾

接下来，我们对项目 3 所使用的指令进行回顾，见表 17-4。

表 17-4　项目 3 指令

指令	说明
导入训练后的模型文件 路径 "/root/face_recognition/model/model.yml"	该指令用于导入指定路径的模型
打开摄像头画面进行读取	该指令用于程序读取摄像头画面
判断是否有人脸?	该指令用于检测摄像头画面中是否有人脸
开始进行人脸识别	该指令用于识别人脸，获取识别结果索引和置信度
预测加载的图像 返回识别结果索引	该指令用于读取识别到的人脸 ID
预测加载的图像 返回识别结果置信度	该指令用于读取识别到人脸对应的置信度（可能性）
在摄像头画面上显示文字 "id1" 颜色R 50 G 200 B 0 坐标X 10 Y 20	该指令用于在摄像头图像画面上显示文字，可以显示英文、调节颜色
将人脸识别结果显示到屏幕上	该指令用于将人脸识别结果显示在行空板屏幕上

项目 4　AI 门禁安全监控

用舵机的转动模拟门的开关。当 AI 门禁安全监控系统识别到家人后，门自动打开，3s 后，门关闭；当识别到陌生人，RGB 灯闪烁，提醒该陌生人离开，并拍照保存陌生人脸图片。

连接硬件

● 硬件清单

基于项目 1 的硬件，新增的硬件清单见表 17-5。

● 硬件接线

将 RGB 灯的 IN 接口连接到行空板 P21 引脚，将舵机连接到行空板 P23 引脚（见图 17-26）。硬件连接成功后，使用 USB Type-C 接口数据线将行空板连接到计算机。

表 17-5　项目 4 新增的硬件清单

序号	元器件名称	数量
1	WS2812 RGB 灯	1 个
2	舵机	1 个
3	两头 PH2.0-3Pin 白色硅胶线	若干

编写程序

在项目3程序的基础上，加上对 RGB 灯和舵机的控制。另外，还可以显示家人的名字。

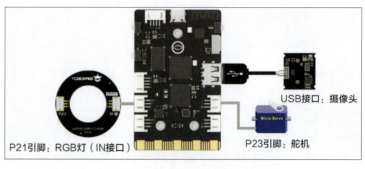

图17-26　项目4接线示意

显示人名

要显示对应的人名，可以利用列表，使用人脸 ID 作为列表的索引。

在程序开始的时候，建立变量"人名"并将其初始化为一个人名列表，列表的人名顺序根据学习人脸图片的顺序来设置（见图17-27）。

家人名字是列表索引的值，索引对应的是人脸 ID，它的获取指令如图17-28所示。

图17-27　建立人名列表

控制执行器

当识别到家人时，用舵机模拟开门，此时警报灯关闭。实现时，先加载舵机库和 RGB 灯库，初始化舵机库和 RGB 灯，如图17-29所示。

图17-28　从列表中根据识别索引确定识别到的人名

图17-29　初始化舵机和RGB灯相关操作

然后，用函数分别实现开门和关灯的操作，如图17-30所示。

当识别到陌生人时，RGB 灯亮红灯并拍下陌生人照片。需要特别说明的是，拍照的功能，要使用 OpenCV 库，由于人脸识别库的默认摄像头对象是"cap"，记得修改"vd"为"cap"，如图17-31所示。

图17-30　定义开门和关灯的函数

　　为了避免某一帧图像被误识别，我们可以在程序中设置变量"识别次数"，用来判断当前识别的帧数。连续识别 3 帧图像，只有当这 3 帧图像置信度都较高时，才算识别成功。AI 门禁安全监控程序如图 17-32 所示。

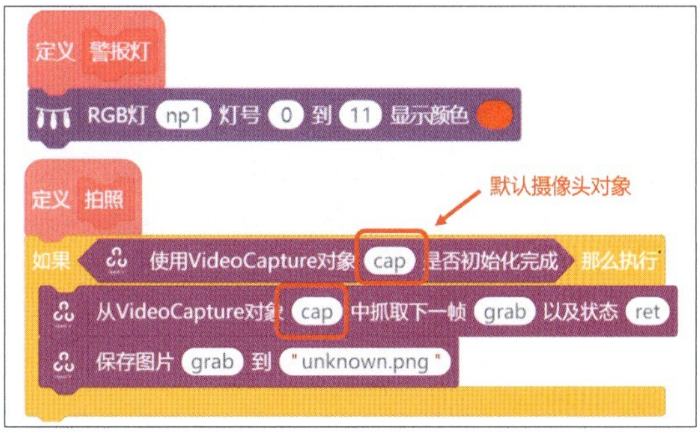

图17-31　定义警报灯和拍照的函数

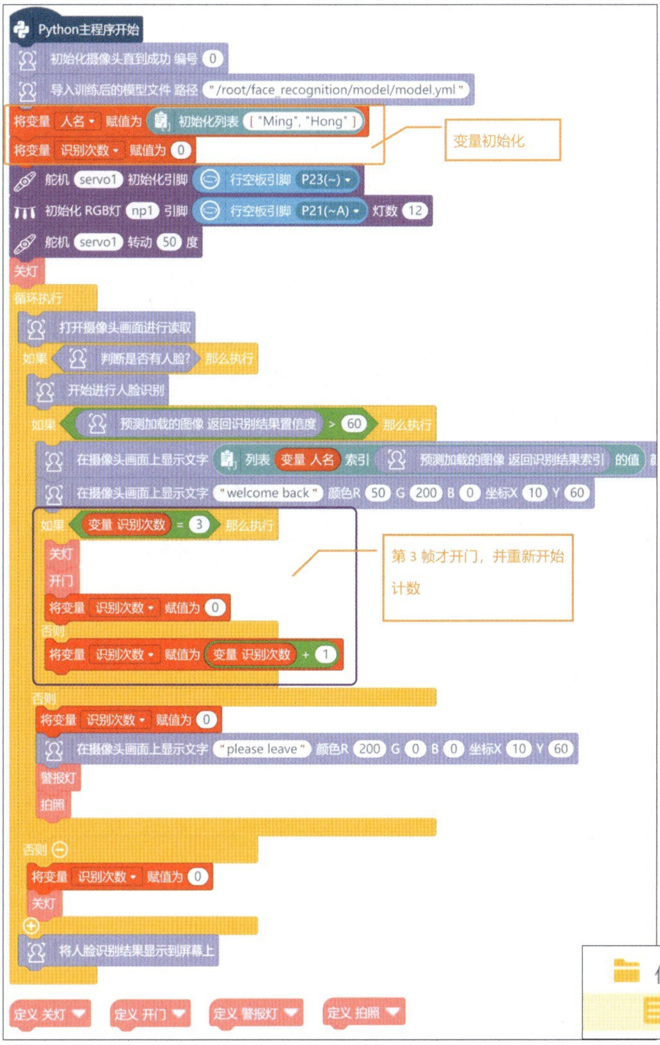

图17-32　AI门禁安全监控程序

运行程序

　　运行程序，用摄像头去识别人脸，当识别到家人时，屏幕显示人名和"welcome back"，同时门被打开；识别到陌生人时，警报灯打开，屏幕显示"please leave"同时拍照。

　　所拍照片被存在程序文件夹中（见图 17-33）。识别过程中人脸画面应尽量完整地出现在屏幕中间，摄像头不要太远，太远会影响准确度。

图17-33　陌生人照片保存位置

第 18 课　AI 多功能语音开关

在童话故事里，"芝麻开门""芝麻关门"就像有魔法的语言，能够帮主人公打开山洞石门。现在，随着智能家居的普及，语音控制逐渐走入我们的生活，让语音控制不再是童话。

本课用行空板搭配硬件模块，制作一款 AI 多功能语音开关，模拟控制家里的电器设备，效果如图 18-1 所示。

图18-1　AI多功能语音开关效果

项目 1　语音控制 RGB 灯

按住行空板 A 键，对着麦克风说"打开灯"，RGB 灯亮起；说"关闭灯"，RGB 灯熄灭。

连接硬件

● 硬件清单

项目制作所需要的硬件清单见表 18-1。

● 硬件接线

将 RGB 灯的 IN 接口连接到行空板 P24 引脚（见图 18-2），硬件连接成功后，使用 USB Type-C 接口数据线将行空板连接到计算机。

表 18-1　硬件清单

序号	元器件名称	数量
1	行空板	1 块
2	USB Type-C 接口数据线	1 根
3	WS2812 RGB 灯	1 个
4	两头 PH2.0-3Pin 白色硅胶线	若干

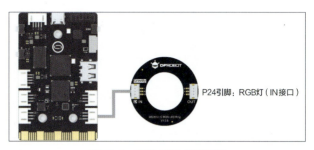

P24引脚：RGB灯（IN接口）

图18-2　项目1硬件接线示意

注意： 本课准备软件部分与第 1 课相同，这里不再赘述。

编写程序

先来分析一下如何实现项目功能。首先，需要实现语音的录入和识别；然后，根据语音识别结果，控制 RGB 灯。

● 语音录入和识别

语音录入和识别的实现过程已经在第 15 课中详细介绍过，可以使用行空板麦克风实现语音录入，借助讯飞开放平台实现语音识别。程序如图 18-3 所示。

图18-3　行空板实现语音录入程序

● 控制RGB灯

控制 RGB 灯需要先加载 RGB 灯库，操作方法如图 18-4 所示，单击"扩展"，在"pinpong"库中单击加载"WS2812 RGB 灯"库。单击"返回"，在指令区看到 RGB 灯相关指令，表示加载成功。

先用初始化 RGB 灯指令设置RGB灯引脚和灯数，然后用 RGB 灯全部熄灭指令设置 RGB 灯初始状态为熄灭。RGB 灯初始化程序如图 18-5 所示。

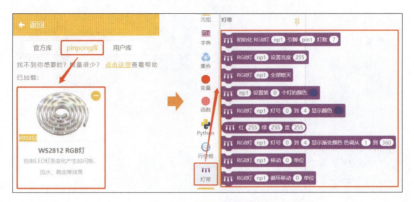

图18-4　加载RGB灯库

新建控制 RGB 灯函数，在函数下使用如果……那么执行指令判断语音识别结果，如图 18-6 所示。例如，当识别内容为"打开灯"时，使用点亮 RGB 灯指令，控制 RGB 灯亮起；当识别内容为"关闭灯"时，控制 RGB 灯熄灭。

语音控制 RGB 灯程序如图 18-7 所示。

图18-5　RGB灯初始化程序

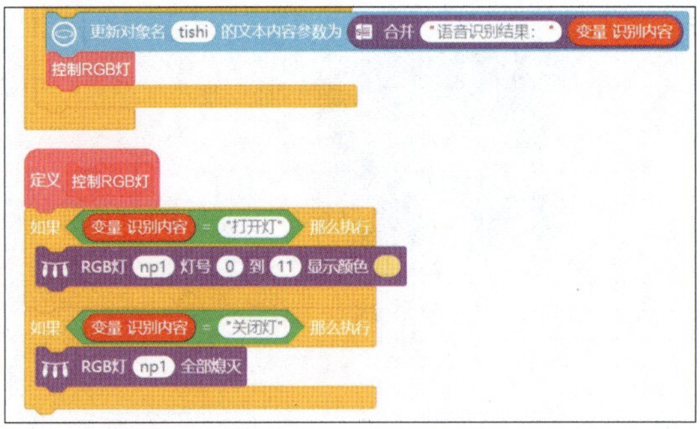

运行程序

运行程序，在行空板屏幕上会显示提示文字"按下 A 键，开始录制……"。先按下 A 键，3s 内对着麦克风说"打开灯"。录制结束后，屏幕显示"录入完成！"。等待一会，屏幕显示语音识别结果，并控制 RGB 灯亮起。说"关闭灯"，RGB 灯熄灭，语音控制 RGB 灯效果如图 18-8 所示。

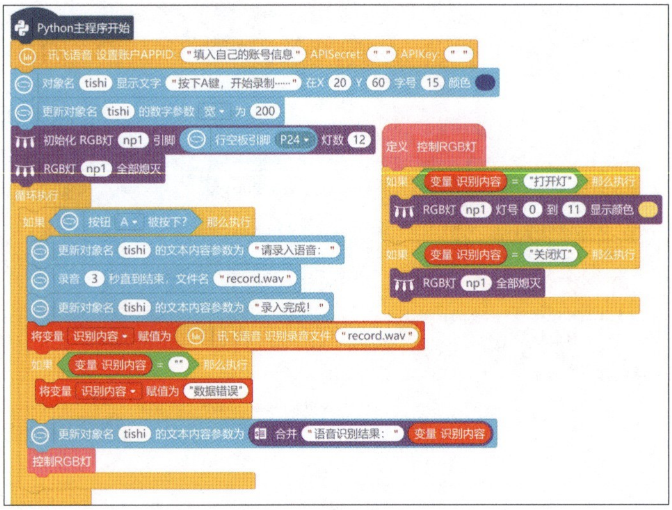

图18-6　新建及调用控制RGB灯函数

图18-7　语音控制RGB灯程序

图18-8 语音控制RGB灯效果

项目 2 AI 多功能语音开关

制作一款 AI 多功能语音开关，通过语音交互，控制 RGB 灯（模拟家中的灯）、水泵（模拟家中的水龙头）和舵机（模拟家中的窗户）。

连接硬件

● 硬件清单

基于项目 1 的硬件，新增的硬件清单见表 18-2。

● 硬件接线

将继电器连接在行空板的 P21 引脚，电池盒连接在继电器的 VIN 接口（电池盒中装有 4 节干电池），水泵连接在继电器的 VOUT 接口；舵机连接在行空板的 P23 引脚；RGB 灯的 IN 接口连接在行空板的 P24 引脚（见图 18-9）。硬件连接成功后，使用 USB Type-C 接口数据线将行空板连接到计算机。

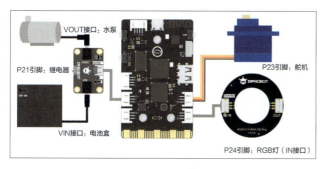

图18-9 项目2硬件接线示意

表 18-2 项目 2 新增的硬件清单

序号	元器件名称	数量
1	水泵	1 个
2	继电器	1 个
3	4 节 5 号电池盒	1 个
4	5 号干电池	4 节
5	舵机	1 个

编写程序

先来分析一下如何实现项目功能。首先，要设计行空板的控制界面；然后，根据语音识别结果，控制不同的设备。

● 设计界面

作为一个完整的系统，要有一个好看的控制界面。可以参照图 18-10 进行设计。

为了简化程序，我们将界面涉及的不会变化的框和文字制作成了一张背景图。将本课素材文件夹中的背景图片和图标加载到项目中，如图 18-11 所示。

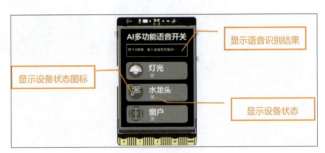

图18-10　AI多功能语音开关界面设计

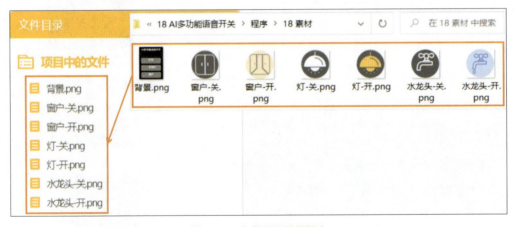

图18-11　加载项目所需图片

使用显示图片指令，按图 18-12 所示程序，将背景图及灯、水龙头、窗户关闭的图标显示在行空板上。

在语音录入框中除了要显示提示文字"按下 A 键，录入语音控制指令……"，还要显示每个设备的初始状态"关"。使用显示文字指令，按图 18-13 所示程序，将提示文字与设备状态显示在行空板上。

图18-12　将背景图和相关图标显示在行空板上

图18-13　将提示文字与设备状态显示在行空板上

● 控制设备

使用语音指令控制硬件，需要设置每条语音控制指令的内容和实现功能（见表 18-3）。

表 18-3　各语音控制指令及对应的实现功能

语音控制指令	实现功能
打开灯	控制 RGB 灯亮
关闭灯	控制 RGB 灯灭
打开水龙头	控制水泵开启
关闭水龙头	控制水泵关闭
打开窗户	控制舵机转到 120°
关闭窗户	控制舵机转到 60°

在项目 1 中，已经实现了对 RGB 灯的控制。使用更新文本内容参数指令和更新图片指令，完善控制RGB 灯函数，如图 18-14 所示。

接下来，继续编写程序，实现对舵机和水泵的控制。

控制舵机需要先加载舵机库，操作方法如图 18-15 所示，单击"扩展"，在"pinpong"库中找到并单击加载"舵机"库。单击"返回"，在指令区看到舵机相关指令，表示加载成功。

图18-14　完善控制RGB灯函数

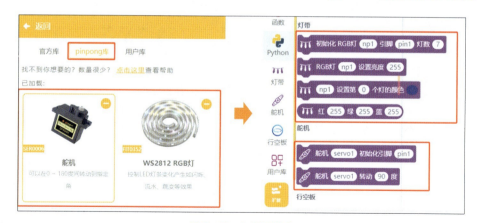

图18-15　加载舵机库

在 Python 主程序开始指令下，使用舵机初始化指令，初始化引脚为 P23 引脚，并设置初始角度，程序如图 18-16 所示。

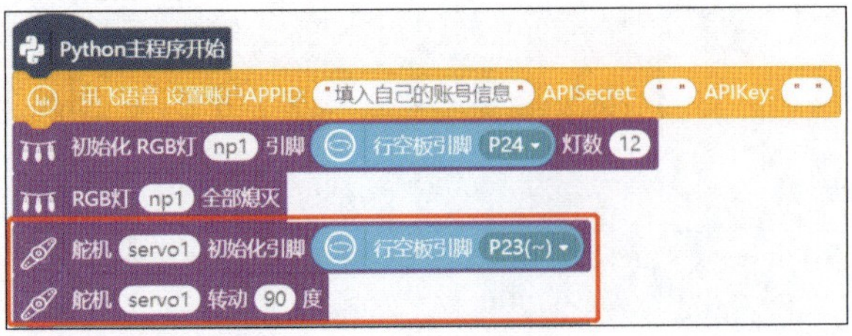

图18-16　舵机初始化

新建控制舵机和控制水泵函数，实现语音控制舵机和水泵的功能，如图 18-17 所示。

AI 多功能语音开关程序如图 18-18 所示。

图18-17　定义控制舵机和控制水泵函数

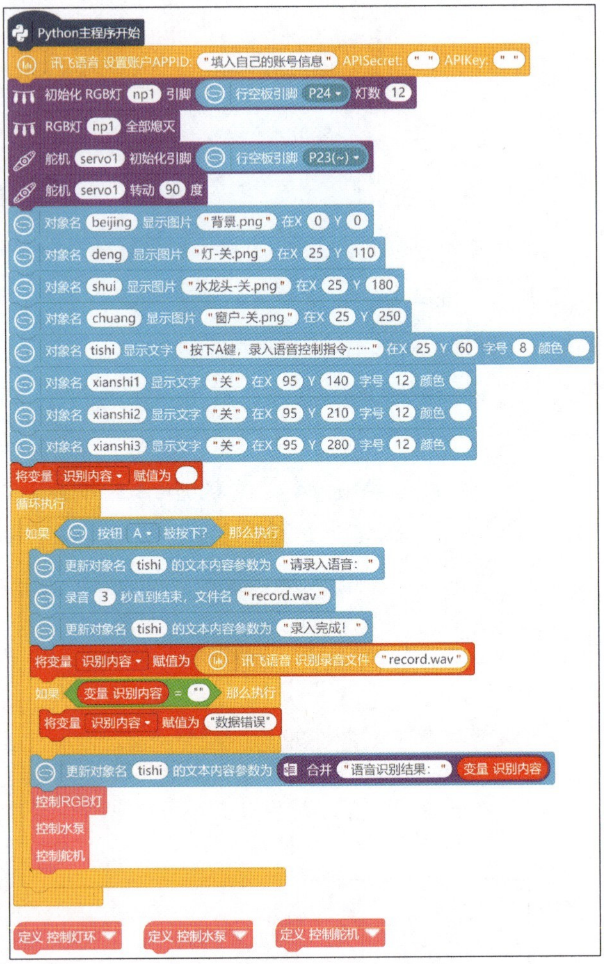

图18-18　AI多功能语音开关程序

运行程序

运行程序，在行空板屏幕上会显示提示文字和设备图标，按下 A 键，3s 内对着麦克风说出不同的语音控制指令，即可控制 RGB 灯、舵机和水泵。根据控制结果，设备开关状态和图标也会对应变化，效果如图 18-19 所示。例如，按住 A 键，对着行空板的麦克风说"打开灯"，输入的语音会被转换成文字显示在行空板上，当语音控制指令被识别成功后，RGB 灯亮起。

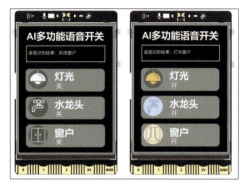

图18-19　AI多功能语音开关效果

挑战自我

尝试修改程序，通过一条语音控制指令，控制 RGB 灯、水泵、舵机这 3 个设备同时开启或关闭。例如，按住 A 键说"全部开启 / 全部关闭"，RGB 灯、水泵、舵机同时开启 / 关闭。

挑战自我核心程序如图 18-20 所示。

图18-20　挑战自我核心程序

第 19 课　AIoT 植物生长日志

我们知道，影响植物生长的因素有很多，如光照。如果想要研究具体的影响情况，就需要持续记录植物生长状况。本课我们就用行空板设计一个实验，用行空板定时记录不同光照下的植物生长情况。

实验中设置 3 个对照组（见图 19-1），分别为自然光组、无光照组和全光照组（荧光灯组）。使用 3 块行空板分别记录植物生长的光照强度和土壤湿度，同时每间隔一段时间摄像头会拍摄植物图片，记录植物生长情况。

图19-1　植物生长日志实验分组

项目 1　搭建植物生长物联网系统

我们使用 3 块行空板，搭建一个植物生长物联网系统，分别监测 3 组植物的生长情况。

3 块行空板都作为智能终端，接入传感器采集数据。选择其中一块行空板，同时作为服务器，开启 SIoT 服务，用于存储物联网数据。系统组成框架如图 19-2 所示。

图19-2　植物生长物联网系统组成框架

连接硬件

● 硬件清单

项目制作所需要的硬件清单见表 19-1。

● 硬件接线

自然光组、无光照组和全光照组硬件接线示意
分别如图 19-3、图 19-4 所示。

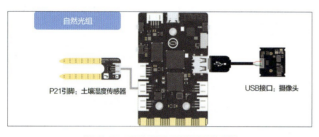

图19-3　自然光组硬件接线示意

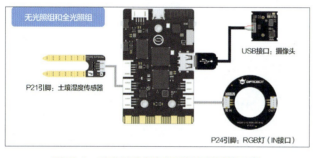

图19-4　无光照组和全光照组硬件接线示意

> **注意:** 本课准备软件的设置方法与第 10 课相同，这里不再赘述；本课需要用 Mind+
> V1.8.0 及以上版本。

配置网络

使用 3 块行空板构建物联网项目时，需要先将
它们接入同一网络，才能实现通信。配置网络的方
法参照第 14 课项目 2 的配置网络部分，这里不再赘述。

编写程序

植物生长日志要收集 3 组植物的生长环境数据，并统一传输到物联网平台。接下来，
分别设计自然光组、无光照组和全光照组行空板的程序。

表 19-1　硬件清单

序号	元器件名称	数量
1	行空板	3 块
2	USB Type-C 接口数据线	3 根
3	WS2812 RGB 灯	2 个
4	摄像头（带连接线）	3 个
5	土壤湿度传感器	3 个
6	两头 PH2.0-3Pin 白色硅胶线	若干

● 自然光组

自然光组的行空板作为整个物联网系统的服务器，需要先启用 SIoT 服务。

打开 SIoT 网页端，在 SIoT 平台中创建 10 个主题："siot/ 自然光组植物图片""siot/ 自然光组光照""siot/ 自然光组土壤湿度""siot/ 无光照组植物生长图片""siot/ 无光照组光照""siot/ 无光照组土壤湿度""siot/ 全光照组植物生长图片""siot/全光照组光照""siot/ 全光照组土壤湿度""siot/ 光照对比"，如图 19-5 所示。创建方法参照第 10 课项目 1。

主题(topic):	siot/光照对比	主题(topic):	siot/全光照组土...	主题(topic):	siot/全光照组光照
+ 新建主题(Topic)		数据总数 0		数据总数 0		数据总数 0
		最新数据		最新数据		最新数据
		描述		描述		描述
		时间 1970/1/1 08:00:00		时间 1970/1/1 08:00:00		时间 1970/1/1 08:00:00

图19-5　项目所需创建主题

先来分析一下自然光组的项目功能。首先，在行空板屏幕上显示光照强度、土壤湿度和植物照片，并将这些数据上传到 SIoT 平台，如图 19-6 所示。

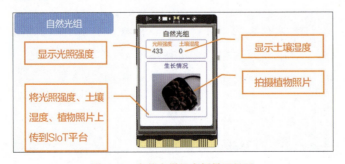

图19-6　自然光组行空板界面显示

1. 设置 MQTT

在 Python 主程序开始指令下，新建 MQTT 主题订阅函数，完成 MQTT 连接设置和主题订阅，实现程序如图 19-7 所示。

2. 显示数据

初始设置界面可以直接使用本课素材文件夹中的图片（见图 19-8）。

然后设置对应的文字。当然，也要记得完成摄像头的初始化，初始界面显示和初始化摄像头程序如图 19-9 所示。

在循环执行指令里，使用函数更新并传输传感器数据，更新传感器数据函数的定义和调用如图 19-10 所示。

图19-7　新建与调用MQTT主题订阅函数

图19-8　加载自然光组背景相关图片

图19-9　初始界面显示和初始化摄像头程序

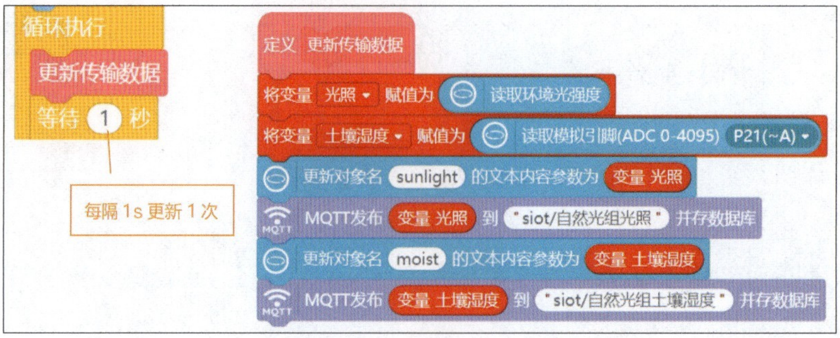

图19-10　更新传感器函数的定义和调用

　　最后，定时拍照记录植物生长情况。我们可以定义变量"计时"，当变量"计时"等于间隔时间时，摄像头拍照，定时拍照记录植物生长情况程序如图 19-11 所示。

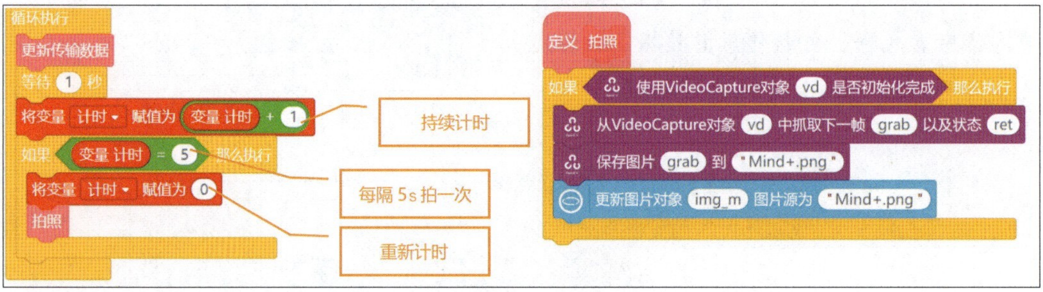

图19-11　定时拍照记录植物生长情况程序

　　为了将图片上传到 SIoT 平台，需要在"用户库"中加载 base64 图片处理库。操作方法如图 19-12 所示，单击"扩展"→"用户库"，搜索"Base64"，单击加载这个库。单击"返回"，在指令区看到相关指令，表示加载成功。

　　添加完成后，在循环执行指令之前添加初始化 base64 模块指令。摄像头拍摄照片之后，使用 base64 转码、MQTT 发布等相关指令将其发布给对应的主题，具体如图 19-13 所示。

图19-12　加载base64图片处理库

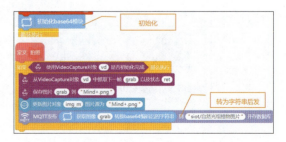

图19-13　照片经base64转码并发布到对应主题

　　自然光组生长日志程序如图 19-14 所示。

图19-14　自然光组生长日志程序

● 无光照组

无光照组的项目功能与自然光组类似，也需要在行空板屏幕上显示光照强度、土壤湿度和植物照片，并将这些数据发送到 SIoT 平台上，无光照组行空板界面如图 19-15 所示。

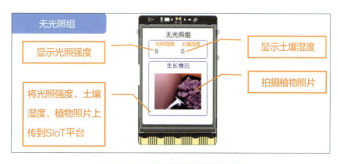

图19-15　无光照组行空板界面

无光照组行空板界面初始设置可以直接使用素材文件夹中的图片（见图19-16）。

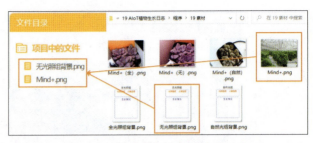

图19-16　加载无光照组背景相关图片

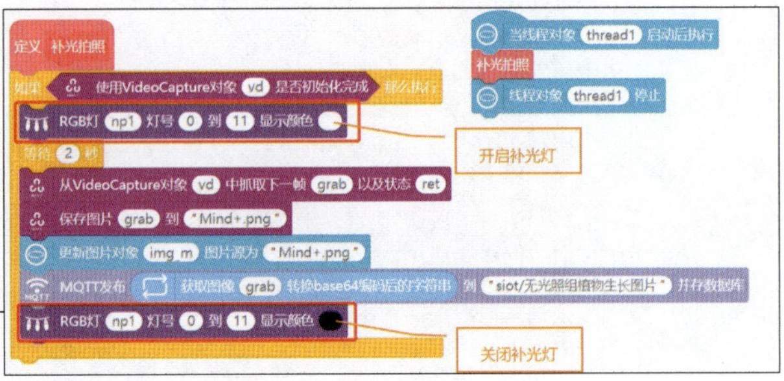

另外，由于全暗环境不利于拍摄照片，所以需要使用 RGB 灯作为补光灯。为了避免补光灯的开启／关闭，影响到主进程计时，减小与自然光组收集照片的时间误差，可以参考图19-17所示的程序。

无光照组生长日志程序如图19-18所示。

图19-17　开启补光灯拍摄程序

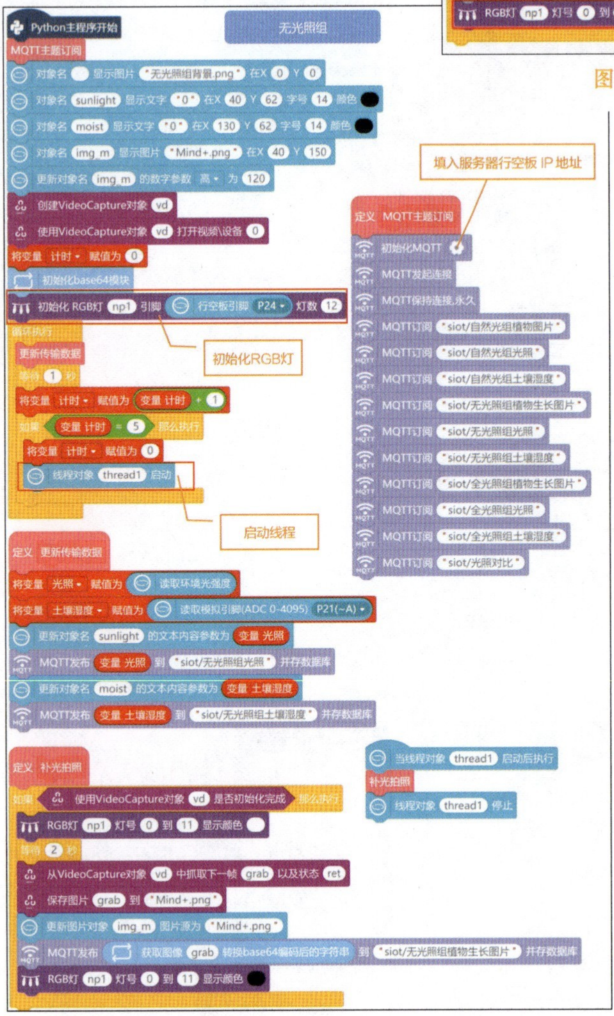

全光照组

全光照组的项目功能与自然光组类似，也需要在行空板屏幕上显示光照强度、土壤湿度和植物照片，并将这些数据发送到 SIoT 平台上，全光照组行空板界面如图19-19所示。

全光照组行空板界面初始设置可以直接使用素材文件夹中的图片（见图19-20）。

另外，全光照组需要 RGB 灯提供照明，所以在主程序使用点亮 RGB 灯指令（见图19-21）。

全光照组生长日志程序如图19-22所示。

图19-18　无光照组生长日志程序

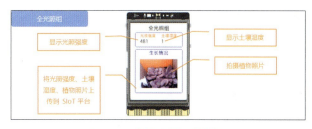

图19-19　全光照组行空板界面

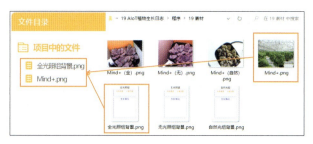

图19-20　加载全光照组背景相关图片

运行程序

同时运行 3 块行空板的程序，各行空板屏幕显示如图 19-23 所示。

各行空板上的光照强度和土壤湿度数值每隔 1s 更新一次，植物

图19-21　在主程序循环开始处点亮RGB灯

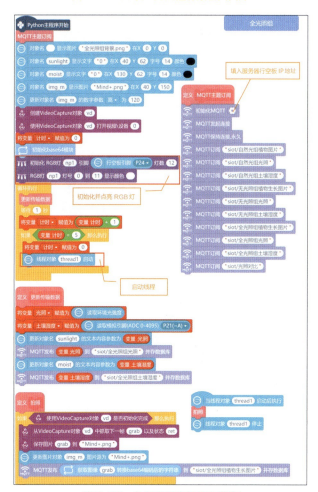

图19-22　全光照组生长日志程序

图19-23　行空板屏幕显示

图片每隔 5s 更新一次。打开 SIoT 平台网页端，可以看到采集的数据。

编程知识

● 指令回顾

接下来，我们对项目 1 所使用的指令进行回顾，见表 19-2。

表 19-2　项目 1 指令

指令	说明
初始化base64模块	该指令用于初始化 base64 模块
获取图像 frame 转换base64编码后的字符串	该指令用于将指定图片转化为字符串，用于物联网平台的图片显示

项目 2　植物生长可视化界面

为了更方便地查看、分析数据，我们使用 Mind+ 的可视化面板设计可视化界面，显示数据对比折线图、植物图片等。植物生长可视化界面效果如图 19-24 所示。

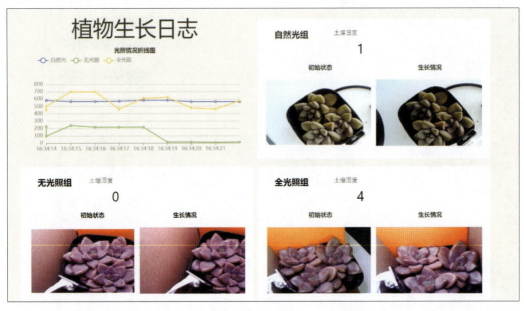

图19-24　植物生长可视化界面效果

编写程序

怎么显示数据对比折线图呢？需要先在作为服务器的行空板中，加入接收 3 组光照强度数据的程序。自然光组的程序如图 19-25 所示。

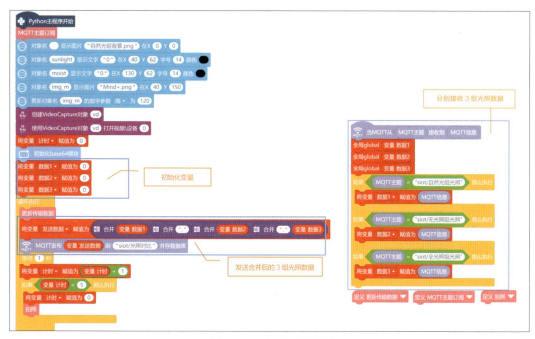

图19-25　自然光组的程序

设计可视化界面

在任一行空板的 Mind+ 编程界面中，单击可视化面板按钮，打开可视化面板窗口，新建项目"19.2 植物生长可视化界面"，如图 19-26 所示。

图19-26　新建植物生长可视化界面项目

单击项目上的"编辑"，进入项目编辑界面，设置好服务器地址。

先来显示数据对比折线图。拖出"折线图"组件，并设置"折线图"组件属性（见图 19-27）。

同时运行 3 块行空板的程序后，3 条折线图就会同步变化了。

怎么显示植物图片呢？以显示自然光组植物图片为例，在"显示组件"中，拖出"网络图片"组件，并设置组件属性（见图 19-28）。"Topic"选择"siot / 自然光组植物图片"。

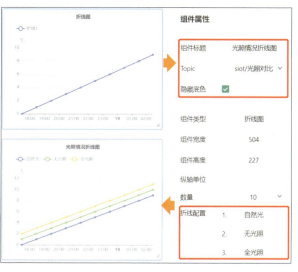

图19-27　设置"折线图"组件属性

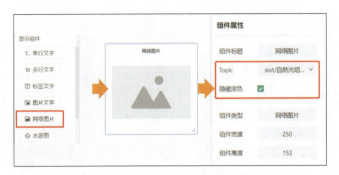

图19-28 设置"网络图片"组件属性

运行自然光组的行空板程序后，行空板将摄像头画面同步更新到可视化界面。植物生长可视化界面如图 19-29 所示。

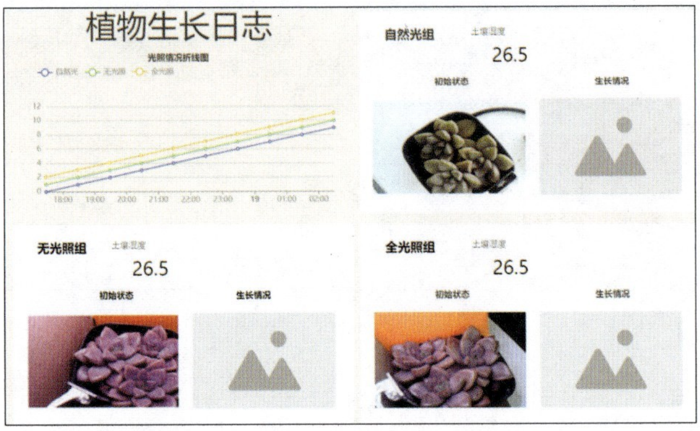

运行程序

同时运行 3 块行空板的程序，可以观察到可视化界面的各数据、图表和图片变化，如图 19-30 所示。

> **注意：** 该实验需要持续一段时间，才可观察到植物明显的生长变化，项目只提供实验设备制作以供参考，不提供实验数据和结论。

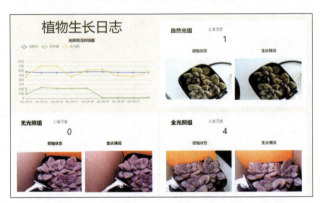

图19-29 植物生长可视化界面

图19-30 植物生长日志可视化界面使用效果

编程知识

● 可视化面板多数据图表

多数据图表是用来对比分析数据变化的图表。在可视化面板中，提供了折线图、柱状图、环形饼图等组件，如图 19-31 所示。

构建多数据图表过程中，传输数据常使用合并指令（见图 19-32），一般来说不同类的数据用"，"连接，就像本课中的光照情况折线图。

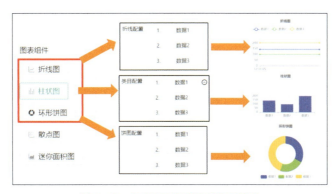

图19-31 可视化面板多数据图表组件

图19-32 合并指令

比较特殊的是在柱状图中，同一类中还可以继续加入更多不同情况的数据，使用"|"间隔即可，如不同月份的不同水果售价的柱状图构建，如图 19-33 所示。

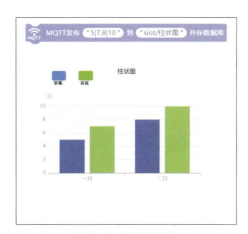

图19-33 构建柱状图

● 认识AIoT

AIoT 是 AI 和 IoT 的组合，即人工智能和物联网融合技术。如果说物联网是实现物与物之间的互联互通，那么 AIoT 相当于在物联网上加入了可以综合分析的"大脑"，它可以借助人工智能实现检测、分析和决策功能，形成基于物联网的智能系统，更好、更个性化地提供服务。

一般来说，可以将包含机器视觉、语音识别等功能的物联网项目（如智能安防）称为 AIoT 技术应用。